RECUEIL D'EXERCICES

ET DE

PROBLÈMES ÉLÉMENTAIRES

PREMIÈRE PARTIE

1262. — Abbeville, imprimerie Briez, C. Paillart et Retaux.

RECUEIL D'EXERCICES

ET DE

PROBLÈMES ÉLÉMENTAIRES

USUELS ET INSTRUCTIFS

SUR L'ARITHMÉTIQUE ET LA GÉOMÉTRIE PRATIQUE

A L'USAGE

DES CLASSES ÉLÉMENTAIRES DE TOUS LES DEGRÉS,
DES ÉCOLES PROFESSIONNELLES ET DES COURS D'ADULTES

PAR

P. BIZARD,

Ancien membre de l'Université.

PREMIÈRE PARTIE

PARIS

CH. DELAGRAVE ET CIE, LIB.-ÉDITEURS

58, RUE DES ÉCOLES, 58

1872

AUX ÉCOLES DES DEUX SEXES.

———

Le *Recueil de Problèmes* qu'à la demande d'un grand nombre d'Instituteurs nous livrons à la publicité est le fruit de l'expérience acquise par quatorze années d'enseignement et le résultat des longues et patientes recherches que nous avons faites pendant ce trop court espace de temps. L'instruction, que d'impérieuses raisons de santé nous ont contraint d'abandonner, a toujours notre plus vive affection; et, si nous ne pouvons plus contribuer à la répandre par nos leçons, du moins voulons-nous encore essayer de la servir d'une autre manière. C'est dans cette pensée que nous offrons aujourd'hui, aux élèves des Écoles élémentaires de *tous les degrés*, ce modeste ouvrage. Puissent nos peines et nos soins contribuer à leur faire aimer les sciences! puissent-ils contribuer surtout à leur en faciliter l'étude!

Désireux de faire un bon livre, un livre vraiment utile, nous avons consulté des hommes compétents et expérimentés; nous avons eu recours notamment aux lumières de M. Moreau, l'auteur de l'excellent *Cours d'arithmétique* professé à l'École normale d'Auxerre [1], qui nous a non-seulement aidé de ses con-

———

1. Un fort vol. in 8 de 352 pages, prix 4 fr. 50. Se trouve à Auxerre chez Hugnot et Lanier, libraires-éditeurs, et à Paris, chez Delagrave dépositaire.

seils, mais qui a bien voulu encore mettre à notre disposition les belles *Questions* qu'il a rédigées pour l'instruction de ses élèves. Nous devons aussi, pour l'examen qu'ils ont fait de notre travail et pour les sages avis qu'ils nous ont donnés, de sincères remerciments à MM. Leras, inspecteur d'académie à Auxerre; Lechartier, principal du Collége; Laboureau, inspecteur primaire, et Raillard, directeur de la classe annexée à l'École normale de l'Yonne.

Dans la classification de nos problèmes, nous avons cru devoir faire marcher de front la numération des nombres entiers et celle des nombres décimaux. La raison en est que ces deux sortes de numérations n'en font qu'une; et c'est à tort, selon nous, que la plupart des auteurs les ont séparées jusqu'ici. En agissant ainsi, au lieu de hâter les progrès des élèves, on les retarde. Est-ce qu'une addition de nombres décimaux est plus difficile à faire qu'une addition de nombres entiers? est-ce qu'un professeur a jamais songé à scinder l'enseignement du système métrique? Évidemment non. Pourquoi alors ne ferait-on pas pour la numération ce qu'on fait pour le système métrique? Soyons logiques, si nous voulons rester dans le vrai.

Sachant, par expérience, que la numération est la base ou, pour mieux dire, la clef du calcul, nous lui avons réservé dans ce recueil une large place. Les Maîtres trouveront donc, sur la numération proprement dite et sur la numération *métrique*, de nombreux devoirs à donner à leurs élèves; et, lorsque ceux-ci auront résolu nos séries d'exercices sur ces matières, ils comprendront le mécanisme de notre numération et, conséquemment, ils sauront calculer.

Toutes nos questions, choisies une à une, ont été *classées* et *graduées* avec un soin des plus sévères; en sorte que les derniers numéros de chaque paragraphe présentent toujours des difficultés beaucoup plus sérieuses que les premiers. C'est là un avantage considérable dont les Maîtres nous sauront gré, nous en sommes convaincu : ils auront ainsi sous la main, sans être obligés de chercher, des exercices à la portée de toutes les intelligences d'une même division. De plus, nous avons jugé convenable de placer toujours, à la suite les unes des autres, plusieurs questions ayant une certaine analogie, afin que chacune d'elles serve, pour ainsi dire, d'application au numéro précédent.

Au lieu de donner à résoudre aux élèves des questions purement *idéales*, des devoirs de *fantaisie*, il est infiniment plus avantageux et plus rationnel de leur proposer des problèmes *pratiques, usuels* et *instructifs*. On fait ainsi d'une pierre deux coups, c'est-à-dire qu'on leur communique des notions justes et utiles sur une foule de sujets en même temps qu'on les forme à la pratique du calcul. C'est le double but que nous nous sommes proposé d'atteindre dans cet ouvrage.

Les *énoncés* de nos questions sont tous *clairs, exempts* d'ambiguité, et nos *données*, à quelque objet qu'elles se rapportent, d'une *rigoureuse exactitude :* elles ont été toutes ou puisées dans des ouvrages spéciaux ou fournies par des hommes compétents. MM. les Professeurs pourront donc se dispenser de les vérifier.

Notre œuvre, sans dépasser les limites d'un livre élémentaire, n'en est pas moins sérieuse : elle embrasse, au point de vue pratique, à peu près complétement toute la partie scientifique de l'enseignement primaire supérieur et de l'enseignement professionnel des colléges et lycées. Le désir que nous avons de voir s'étendre le cercle des connaissances nous a déterminé à donner cette importance à notre travail.

Pour faciliter la tâche des élèves, nous avons eu soin de définir, au fur et à mesure qu'elles se sont présentées, les expressions nouvelles dont nous nous sommes servi ; nous avons de plus, en tête de nos diverses séries d'exercices sur les quatre opérations, sur le système métrique et sur les fractions, rappelé les règles sur lesquelles on s'appuie ; enfin, nous avons jugé à propos de faire précéder certains paragraphes, notamment ceux relatifs à l'arithmétique appliquée aux opérations usuelles, aux fonds publics, à la mesure des surfaces et des corps, au Crédit foncier, aux caisses d'épargne, etc., d'explications préliminaires *numérotées*, et, quand c'est nécessaire, nous renvoyons aux numéros de ces explications.

Nous avions d'abord eu la pensée de réunir en un seul volume les nombreuses matières de notre travail ; mais, outre que ce volume eût été trop gros et par cela même d'un prix trop élevé, il aurait présenté encore le grave inconvénient d'obliger les Maîtres à mettre entre les mains des commençants et des élèves les plus avancés une *partie* qui eût été totalement inutile aux uns et aux autres. Nous avons donc, pour ces motifs, cru devoir couper notre ouvrage en deux parties *distinctes*. La *première*, qui ne comprend que la numération, les quatre opérations, le système métrique, et quelques exercices *faciles* sur les fractions ordinaires, sur les règles de trois et d'intérêt simples, les rentes, l'escompte commercial, les partages proportionnels, les mélanges du premier cas, la mesure des surfaces et des volumes, est destinée aux commençants ; la *seconde*, qui renferme des questions d'un ordre plus *élevé*, convient spécialement aux élèves des classes supérieures.

Enfin, pour ménager le temps de MM. les Professeurs, temps dont toutes les minutes sont comptées, nous publions, à leur usage personnel, un troisième volume qui contient les *réponses* aux questions *simples* et les *solutions raisonnées* des problèmes plus *difficiles*. Ils peuvent avoir la plus *entière confiance* dans nos résultats.

En résumé, nous nourrissons l'espoir que notre travail sera apprécié des Maîtres et des Élèves, et que les uns et les autres lui feront un sympathique accueil. En le rédigeant, nous n'avons eu qu'un désir, qu'une ambition : celle d'être utile à la cause de l'instruction. Si nous avons réussi, nous nous trouverons largement récompensé.

BIZARD.

Nous recevrons avec plaisir et reconnaissance les observations qu'on voudra bien prendre la peine de nous faire.

PREMIÈRE PARTIE.

---

1. — EXERCICES ET PROBLÈMES SUR L'ADDITION DES NOMBRES ENTIERS ET DÉCIMAUX [1].

1° Exercices.

Additions posées à effectuer.

1.	2.	3.	4.	5.	6.	7.
3	8	4	9	9	7	8
6	4	9	8	8	5	5
5	3	7	7	7	8	6
2	5	4	6	5	4	7

8.	9.	10.	11.	12.	13.	14.
45	37	32	92	293	345	378
78	46	45	9	538	259	946
91	67	43	36	437	857	79
39	58	9	75	809	736	137

1. Les nombres entiers et les nombres décimaux se formant de la même manière, nous avons cru devoir les faire marcher de front. Une addition de nombres décimaux n'est d'ailleurs pas plus difficile à faire qu'une addition de nombres entiers. Est-ce que jamais un Maître a songé à scinder l'enseignement du système métrique?

15.	16.	17.	18.	19.
395	537	8537	4396	76537
17	6	1076	5327	80752
308	985	7905	95	54907
974	74	6740	6703	29089

20.	21.	22.	23.	24.
97653	845693	536787	530694	517895
8538	536929	6935	98	76456
75874	45474	749078	4536	438
99	376457	764	790495	489407

25. Un maître a donné :
à Charles   16 bons points.
à Louis   29   —
à Ernest   22   —
à Auguste 37   —

    Total » bons points.

26. Combien y a-t-il de noix en tout dans 3 paniers qui contiennent :
    le 1er   264 noix.
    le 2e   529   —
    le 3e   857   —

    Total   » noix.

27. Un épicier a vendu :
    81 kil. de café pour 243 fr.
    128 —   — 448
    77 —   — 308
    115 —   — 391

Total » kil.   pour » fr.

28. Un marchand d'étoffe vend :
    145 m. de velours pour   580 fr.
    276 —   — 1104
    309 —   — 1236
    3091 —   — 12664

Total » m.   pour » fr.

29. Un cordonnier a vendu dans une année :
    76 paires de souliers pour 1064 fr.
    163 —   — 2119
    29 —   — 464
    198 —   — 2970
    436 —   — 4360

Total » paires   pour » fr.

30. Quelle est la population totale des villes suivantes ?
Paris   1825274 habitants.
Lyon   323954   —
Marseille   300132   —
Bordeaux   194241   —

    Total   »   habitants.

31. Un propriétaire a cinq champs qui ont fourni :

le 1er 2850 kilos de blé et 7125 kilos de paille valant ensemble 1140 fr.
le 2e 3150 —   7850 —   —   1245
le 3e 2000 —   5198 —   —   855
le 4e 950 —   2375 —   —   409
le 5e 630 —   1583 —   —   265

Total » kilos   » kilos   » fr.

OBSERVATION. — Dans l'addition des nombres décimaux, addition qui se fait comme celle des nombres entiers, il faut avoir soin de placer les virgules les unes sous les autres. La virgule du résultat se met également sous les autres.

32.	7,6	33.	9,4	34.	47,5	35.	10,2	36.	41,9
	4,5		5,3		39,6		91,7		37,4
	3,8		6,7		27,4		29,6		29,6
	9,4		8,5		41,8		76,5		18,8

37.	107,45	38.	488,25	39.	457,45	40.	531,28
	208,06		517,49		38,06		19,46
	409,93		843,07		315,29		815,35
	816,17		545,12		25,99		48,17

41.	344,046	42.	910,405	43.	97653,402	44.	81745,03
	2910,408		2919,207		76,039		928,705
	97,535		8,9		5418,128		4937,008
	845,045		29457,078		437,05		97654,91

45. Un mercier a vendu :

19 paires de bretelles pour 23 fr. 75
12   —   15   60
 7   —   9   45
77   —   108   80

Total » paires   pour   »

46. Un libraire a acheté :

24 grammaires pour   16 fr.
36   —   60   4
60   —   90
25   —   50   75

Total » grammaires pour   »

1.

47. Un marchand de nou-
veautés fait venir :

36 m.	45 de mérinos p.	182 fr.	25
75	7	—	453	20
83	55	—	584	85
137	16	—	1097	20
5	3	—	71	55

Total »   pour   »

48. Un tailleur a fait :

8 gilets	valant	61 fr.	20
7 paletots	—	274	05
11 pantalons	—	189	75
6 redingotes	—	369	30
5 par-dessus	—	275	75

Total » pièces valant   »

49. Un charcutier a acheté :

3 porcs pesant	256 kilos	5	pour	153 fr.	90
5	—	402	25	—	241	35
2	—	191	20	—	163	84
4	—	349	4	—	209	64

Total   » porcs pesant   »   pour   »

L'Élève additionnera les nombres entiers suivants après les avoir convenablement posés.

Le signe +, qui sépare les nombres, signifie *plus*.

50. $8 + 7 + 24 + 9 + 73 + 18 + 6$.
51. $15 + 9 + 28 + 5 + 49 + 3 + 27 + 5$.
52. $6 + 47 + 405 + 9 + 35 + 4 + 8 + 49$.
53. $175 + 8 + 40 + 69 + 37 + 907 + 3 + 51$.
54. $43 + 806 + 6 + 27 + 357 + 44 + 19 + 429$.
55. $7 + 49 + 805 + 3 + 36 + 709 + 4051 + 8$.
56. $407 + 5078 + 49 + 4716 + 953 + 9 + 48$.
57. $9054 + 46 + 413 + 76 + 9045 + 39 + 5 + 67$.
58. $436 + 8 + 4916 + 27 + 453 + 9126 + 17$.
59. $5 + 36453 + 41 + 57 + 4854 + 4 + 91254$.
60. $4375 + 39 + 71753 + 39154 + 78 + 4075 + 5$.
61. $76 + 9104 + 9 + 176534 + 346 + 17847 + 51$.
62. $4017 + 65 + 7149365 + 5647 + 2 + 5178153$.
63. $1575376 + 391 + 8 + 17453 + 9451967 + 45$.
64. $43756 + 53743 + 15706 + 25049 + 75613 + 5$.
65. $134 + 71653 + 6 + 491457 + 84 + 7515746$.
66. $19175 + 453457 + 438 + 9170745 + 73 + 5347$.

67.   4078535 + 3470754 + 5107621 + 3942107 + 9.
68.   17 + 1 + 917613 + 947 + 5147503 + 1077.
69.   45767 + 7 + 6124573 + 4018 + 53 + 9000000.
70.   540 + 76193 + 76 + 8888888 + 75145 + 3471.
71.   99 + 999 + 9999 + 99999 + 999999 + 9999999.

L'Élève additionnera les nombres décimaux suivants après les avoir convenablement posés.

72.   2,6 + 4,3 + 0,6 + 7,4 + 5,3 + 1,8 + 0,9.
73.   9,7 + 4,8 + 5,3 + 1,5 + 0,8 + 5,7 + 6,8 + 5,3.
74.   8,39 + 5,36 + 7,21 + 4,39 + 3,45 + 2,97 + 5,36.
75.   1,15 + 7,33 + 5,80 + 3,27 + 9,46 + 2,19 + 7,23.
76.   24,6 + 9,25 + 4,38 + 26,47 + 61,42 + 9,17 + 5,16.
77.   4,96 + 108,9 + 5,46 + 47,63 + 719,55 + 7,69.
78.   916,45 + 7,54 + 0,59 + 4,53 + 9174,5 + 0,7 + 8,56.
79.   0,58 + 9045,48 + 51,7 + 31857,3 + 29,65.
80.   54159,6 + 0,513 + 81,39 + 861,46 + 0,507 + 8,3.
81.   3678,74 + 0,536 + 9,35 + 845,318 + 4,5 — 0,513.
82.   4967,453 + 0,1 + 0,2 + 91753,35 + 8,176 + 91,27.
83.   0,57 + 64537,4 + 0,715 + 9046,28 + 3,172 + 0,6.
84.   914576,5 + 0,719 + 4,85 + 716,6 + 53,27 + 8,154.
85.   156,75 + 493,671 + 0,5 + 76,179 + 36715,67 + 0,3.
86.   9,671 + 1975,2 + 21537,05 + 9045,29 + 5,137.
87.   294675,2 + 76,159 + 0,61 + 0,499 — 5,3 + 9576,54.

L'Élève additionnera les nombres entiers et décimaux suivants après les avoir convenablement posés.

88.   49675 + 496,76 + 0,4 + 767,65 + 4975 + 20,17 + 0,56.
89.   45,9 + 76158 + 4,68 + 7653 + 0,495 + 9,15 + 4563.
90.   4677538 + 0,097 + 9 + 8,76 + 51375 + 0,517.
91.   45,045 + 8,367 + 8,16 + 1009 + 5176,76 + 349.
92.   9,37 + 8745 + 36752,4 + 0,589 + 5648.
93.   367 + 76753 + 0,67 + 0,008 + 4,5 + 31000.
94.   0,67 + 90000 + 10,74 + 999 + 1,57 + 0,566.
95.   39 + 5378 + 5,36 + 0,535 + 98765 + 917567.
96.   0,538 + 0,1 + 22765 + 35178 + 0,51 + 7,079.
97.   2009 + 31865 + 0,5 + 3,765 + 7145 + 0,70 + 8.

98. $307 + 0,53 + 51796 + 3,67 + 0,078 + 513976.$
99. $7 + 65 + 718 + 0,51 + 0,636 + 29765 + 119.$
100. $3,9 + 0,56 + 3765 + 3495,7 + 0,153 + 517675 + 7.$
101. $478 + 1000 + 100000 + 1,76 + 0,504 + 25675.$
102. $8 + 34,9 + 3456 + 517,67 + 71765 + 76.$
103. $0,567 + 24,5 + 0,22 + 97687 + 54,3 + 0,398.$
104. $8175452 + 498 + 5,476 + 0,53 + 9474 + 3,64.$

L'Élève additionnera les nombres entiers suivants après les avoir écrits en chiffres et convenablement posés. — Ces nombres sont séparés par des virgules [1].

105. Écrivez, en comptant de 10 en 10, les nombres de 0 à 90, et additionnez ensuite les nombres obtenus.

106. Écrivez, en comptant de 3 en 3, les nombres de 0 à 33, et additionnez ensuite les nombres obtenus.

107. Écrivez, en comptant par 4, les nombres de 0 à 48, et additionnez-les ensuite.

108. Écrivez, en comptant par 5, les nombres de 0 à 45, et additionnez-les ensuite.

109. Écrivez, en comptant par 7, les nombres de 0 à 84, et additionnez ensuite les nombres obtenus.

110. Écrivez, en comptant de 8 en 8, les nombres de 0 à 96, et additionnez-les ensuite.

111. Écrivez, en comptant par 9, les nombres de 0 à 108, et additionnez ensuite les nombres obtenus.

112. Vingt-neuf, quarante, soixante-treize, soixante-trois, dix-sept, quatre-vingts, quatre-vingt-deux, quatre-vingt-douze.

113. Soixante-neuf, soixante-dix-huit, quatre-vingt-trois, quatre-vingt-treize, cent, cent neuf, vingt-un.

114. Deux cents, quatre-vingt-six, quatre-vingt-seize, quatre cent neuf, trois cent quinze, sept, huit cents.

[1] On ne saurait attacher trop d'importance à ces sortes d'exercices. Il faut en effet, avant tout et dès le commencement, chercher à faire bien comprendre le mécanisme de notre numération écrite : là est le succès de l'enseignement du calcul. — On trouvera, après la division, des exercices un peu plus sérieux sur la numération.

115. Six cent vingt-trois, cinq cent six, sept cent huit, deux mille, quatre mille neuf, soixante-cinq.

116. Neuf mille dix-neuf, trente-huit, trois cents, six mille cinq, sept mille, quatre-vingt-dix, trente-un mille.

117. Quarante-huit mille dix-neuf, vingt-sept, cinq cents, trois mille deux, soixante-treize mille, dix mille un.

118. Quatre mille cinq, cent vingt-sept mille dix-sept, soixante-seize mille, soixante-dix-sept, quatorze mille trois, cent mille.

119. Cent, mille, dix mille, cent mille, un million.

120. Quelle unité se trouve immédiatement à gauche des mille ? Quelle unité se trouve immédiatement à droite des millions ?

121. Quelle est l'unité qui vaut 10 dizaines ? Quelle est celle qui vaut 100 centaines ? Quelle est celle qui vaut 1000 mille ?

122. Dans un nombre entier qui commence aux millions, il y a des mille et des dizaines. Quelles sont les unités qui manquent ?

123. Un nombre entier est composé de huit chiffres ; en partant de la gauche, le 1er, le 3e, le 6e et le 8e sont des zéros. Quelles sont les unités présentes ?

124. Le second chiffre à droite d'un nombre représente des dizaines : Que représentent le 4e et le 6e ?

125. Dans un nombre entier, que représente le second chiffre en partant de la droite ? Que représente le 4e ? le 6e ?

126. Que représente, dans un nombre entier, le premier chiffre de droite ? Que représente le 3e ? le 5e ? le 7e ?

127. Dans un nombre entier, dont le premier chiffre à gauche exprime des millions, que représentent le 3e et le 5e chiffre de gauche à droite ?

128. Que représentent, dans un nombre entier, composé de 8 chiffres, en partant de la gauche, le 6e, le 4e et le dernier chiffre ?

129. Quelle est, dans 40, la valeur relative du chiffre 4 ?

130. Faites connaître la valeur relative de chaque chiffre significatif dans les nombres suivants : 370506 ; 4208007 ; 4073001.

131. Six cent mille trente-neuf, quarante-sept, cent deux

mille; neuf cent quatre-vingt-dix-neuf mille cinq, treize cents.

132. Dix-sept millions, six cent quatre mille quarante-deux, trois cent quatre, quatre millions quinze mille, cinq mille quarante-deux, un million.

133. Vingt-quatre millions sept mille seize; cinq dizaines, trente-un mille neuf; deux cent sept mille dix-huit, dix millions.

134. Quatre centaines, huit dizaines de mille, quatre millions vingt-cinq, trente-sept centaines, treize mille trois.

135. Vingt-quatre mille quinze; une dizaine de millions, cent dix-sept; trente-un millions vingt-neuf, un billion ou milliard.

136. Trente-huit millions deux mille quatorze, cent cinq mille; quinze centaines, cent trois millions deux mille vingt.

137. Trente-un millions trois, soixante-seize dizaines, quatre mille sept, trois cent dix mille.

138. Cent millions, cent mille; dix mille, vingt-trois mille sept, seize centaines.

L'Élève additionnera les nombres décimaux suivants après les avoir écrits en chiffres [1].

139. Six dixièmes, neuf dixièmes; trois unités deux dixièmes, dix-neuf unités cinq dixièmes, quarante unités quatre dixièmes.

140. Cent quarante-sept unités un dixième, deux mille unités trois dixièmes, trente-quatre unités sept dixièmes, cent neuf mille unités cinq dixièmes.

141. Dix-huit unités quatre centièmes, seize centièmes, quatre-vingts unités trois dixièmes, un centième, neuf mille unités six dixièmes.

142. Quatorze unités deux millièmes; sept centièmes; dix-huit millièmes, trois cent six mille unités huit dixièmes, quarante-un centièmes.

---

1. Afin de ne pas embarrasser les commençants, nous avons, dans la première partie de cet ouvrage, laissé à peu près complètement de côté, le système métrique. On le trouvera largement traité au chapitre VI.

143. Deux mille neuf unités quatre-vingt-dix centièmes, un millième, cent quatre millièmes, soixante unités trente centièmes, cinq cent mille vingt unités quinze millièmes.

144. Dans un nombre décimal, quelle unité se trouve immédiatement à droite du chiffre des unités? quelle unité se trouve immédiatement à droite des dixièmes?

145. Quelle est l'unité qui vaut dix dixièmes? quelle est celle qui vaut dix centièmes? quelle est celle qui vaut dix millièmes?

146. Dans un nombre, dont le dernier chiffre à droite exprime des centièmes, que représente le second chiffre de droite à gauche? que représente le 4e? le 6e?

147. Un nombre décimal est composé de sept chiffres; le premier à gauche exprime des mille : que représentent le 5e et le 7e de gauche à droite?

148. Un nombre décimal est composé de huit chiffres; en allant de droite à gauche, le 1er, le 4e, le 6e et le 8e sont des zéros; quelles sont les unités présentes?

149. Un nombre décimal formé de huit chiffres commence aux dizaines de mille; il y a dans ce nombre des centaines, des dixièmes et des centièmes : quelles sont les unités qui manquent?

150. Vingt-sept francs deux centimes, quinze centimes, quatre francs cinq décimes, trois cent mille huit francs deux centimes.

151. Quatre cent mille dix-sept francs six centimes, trente-trois centimes, mille francs quatre centimes, un décime.

152. Cinquante-six mètres trois centimètres, deux mètres un décimètre, quatre millimètres, vingt-trois centimètres, quatre cent trois mètres huit décimètres.

153. Neuf unités cinq millièmes, quarante-trois mille unités seize centièmes, trois dixièmes, sept millièmes.

154. Deux unités deux centièmes, neuf millièmes, soixante-cinq mille unités cinq dixièmes, dix-huit unités cinq centièmes, cent mille unités trois millièmes.

155. Un million d'unités trente-deux millièmes, un centième, dix-sept mille unités quatre dixièmes, vingt-huit mille unités cinquante-un millièmes.

156. Sept litres cinq centilitres, cent neuf litres deux décilitres, six centilitres, trente-trois millilitres, deux litres quatre décilitres.

157. Trente-neuf stères six décistères, vingt-cinq centistères, quatre-vingt-trois mille quatre stères deux millistères, trois décistères.

158. Soixante-trois grammes vingt centigrammes, huit milligrammes, trois grammes neuf décigrammes, six centigrammes, un million cinq mille grammes un milligramme.

L'Élève additionnera les nombres entiers et décimaux suivants après les avoir écrits en chiffres.

159. Huit cent mille trente francs cinq centimes, dix francs deux décimes, quarante-cinq centimes, quatre-vingt-dix-huit francs.

160. Trente-neuf millions, quatre dixièmes, quinze millièmes, soixante-dix-sept mille unités deux centièmes, quarante mille vingt-neuf unités.

161. Onze litres, dix-neuf centilitres, douze mille sept litres deux millilitres, trente-six décilitres, quatre cent mille litres.

162. Vingt-trois stères deux centistères, quarante-deux millistères, quatre mille stères huit décistères, trente-cinq décistères.

163. Trois millions six mille trente grammes, vingt-un milligrammes, quatre décigrammes, cent grammes deux centigrammes.

164. Quarante-un centimes, deux décimes, dix-neuf mille francs, quatorze centimes, douze mille six francs cinq décimes deux francs.

165. Neuf cent millions onze mille quatre unités, quatre-vingts centièmes, cent quatre millièmes, deux mille unités cinq dixièmes.

166. Six mille francs quarante centimes, dix-neuf mille francs, trois décimes, vingt-sept centimes, soixante millions de francs.

167. Deux millièmes, trois millions huit mille quatorze

unités, onze cent mille unités cinq centièmes, cinq dixièmes, cent deux centièmes.

168. Cent trente-deux mètres quatre millimètres, trois centimètres, deux mille sept mètres, six centimètres, quatre décimètres.

169. Dix-neuf grammes, cinq milligrammes, deux cent mille grammes trois centigrammes, treize milligrammes.

170. Dix mille trente-quatre francs, seize centimes, vingt décimes, deux mille sept francs quatre décimes, trente-cinq centimes.

171. Quarante millièmes, douze billions, onze centièmes, deux dixièmes, vingt mille neuf unités trois millièmes.

172. Douze milliards d'unités, treize mille huit unités quatre centièmes, sept dixièmes, trente mille deux unités trois millièmes.

173. Cinq dixièmes, deux centièmes, quatre millièmes, trois millions, sept mille huit unités six millièmes, quatorze dixièmes.

174. Huit cent mille douze unités cinq centièmes, onze mille unités, treize centièmes, neuf unités sept millièmes, un dixième.

2° Problèmes [1].

175. Jules a 6 fr., Paul en a 5 et Louis 2. Combien ont-ils ensemble?

176. Jean a gagné 6 bons points le mardi, 4 le vendredi et 7 le samedi. Combien en a-t-il gagné en tout?

177. Marcel a 7 billes; il en gagne 6 à Jules et 9 à Auguste. Combien en a-t-il maintenant?

178. J'ai donné 3 noix à Auguste, 7 à Prudent et 10 à Arsène. Combien en avais-je, s'il m'en reste 8?

179. Charles est né en 1861; en quelle année a-t-il eu 8 ans?

180. Antoine achète une toupie de 15 centimes et il lui reste 25 centimes. Combien avait-il d'abord?

1. Les premiers numéros de ce paragraphe et des trois suivants peuvent servir d'exercices de calcul mental. Ces questions, qui ne portent que sur de petits nombres, sont éminemment propres à familiariser promptement les élèves avec le calcul de tête.

181. Sulpice travaillé 3 heures le matin et 5 heures le soir. Combien travaille-t-il d'heures par jour ?

182. Jules est allé à l'école 25 jours dans le mois de mars ; il s'en faut de 6 jours qu'il n'y soit allé tous les jours. Combien le mois de mars a-t-il de jours ?

183. Au marché de Sens, on a 1 hectolitre d'orge pour 11 fr. 25 ; en ajoutant 8 fr., on aurait 1 hectolitre de blé. Quel est le prix de l'hectolitre de blé ?

184. Un fermier a 35 moutons, 22 brebis et 15 agneaux. Combien a-t-il de bêtes à laine en tout ?

185. Un enfant a mangé 45 cerises à son déjeuner, 15 à son dîner et 20 à son souper. Combien en tout ?

186. Georges a dans sa bourse 60 centimes ; sa mère lui donne 4 sous parce qu'il a été premier à l'école. Combien a-t-il maintenant de centimes et de sous ?

187. J'ai acheté du pain pour 27 fr., de la viande pour 8 fr. et du vin pour 4 fr. Quelle est ma dépense totale ?

188. Lucien achète 1 hectolitre de vin pour 28 fr. ; il paie en outre 1 fr. 50 pour le transport et 6 fr. pour droits d'entrée. Combien lui coûte réellement son vin ?

189. André commence sa page d'écriture à 2 heures. A quelle heure l'aura-t-il finie, s'il lui faut 65 minutes ?

190. Amédée est né en 1858 ; en quelle année aura-t-il 19 ans ?

191. Rouget de l'Isle, l'auteur de la Marseillaise, est né à Lons-le-Saulnier en 1760 ; il est mort âgé de 76 ans. En quelle année ?

192. Parmentier, le propagateur de la pomme de terre en France, naquit à Montdidier en 1737 et mourut à l'âge de 76 ans. En quelle année est-il mort ?

193. Gabriel achète 3 livres à 2 fr. 25 pièce. Quelle somme avait-il si, après les avoir payés, il lui reste 1 fr. 95 ?

194. Cinq personnes ont donné chacune 8 fr. à Pierre ; combien a-t-il reçu en tout ?

195. Un individu a placé à la caisse d'épargne d'abord 98 fr., ensuite 143 fr., puis 245 fr. Quel est le montant de ses trois placements ?

196. Une école est divisée en trois classes ; la petite renferme

19 élèves, la moyenne, 34, et la grande, 41. Combien y a-t-il d'élèves en tout dans cette école?

197. Un chapeau a coûté 10 fr. 85 ; que faut-il le revendre pour gagner 1 fr. 45 ?

198. Un épicier a acheté un pain de sucre pour 9 fr. 25 ; que doit-il le revendre pour gagner 0 fr. 65 ?

199. Les mois d'avril, juin, septembre et novembre ont chacun 30 jours. Combien ces quatre mois ont-ils de jours ensemble ?

200. Les mois de janvier, mars, mai, juillet, août, octobre et décembre ont chacun 31 jours. Combien ces 7 mois ont-ils de jours ensemble ?

201. Une personne, née en 1815, est morte à l'âge de 49 ans. En quelle année ?

202. Jacques est né en 1821. A quelle époque aura-t-il 67 ans ?

203. Louis XIV avait 5 ans lorsqu'il monta sur le trône, en 1643. Son règne, le plus long de la monarchie française, dura 72 ans. A quel âge et en quelle année est-il mort ?

204. Un marchand tailleur veut gagner 1 fr. 75 sur un gilet qui lui a coûté 11 fr. 85. Que doit-il le revendre ?

205. Un menuisier donne une armoire pour 45 fr. à un individu à qui il devait 27 fr. 85. Quel est le prix de ce meuble, s'ils sont quittes ?

206. Quatre frères ont gagné, le premier 72 fr. 20, le second 59 fr. 65, le troisième 106 fr. et le quatrième 136 fr. 35. Qu'ont-ils gagné ensemble ?

207. En 1845, la ville de Paris a consommé 74143 bœufs, 17553 vaches, 72187 veaux, 447853 moutons, et 86950 cochons. Combien cette ville a-t-elle consommé de bêtes en tout ?

L'Élève achèvera les deux tableaux suivants :

208 NORMANDIE.

Départements.	Arrondissements.	Cantons.	Communes	Population.	Étendue en hectares.
Calvados.	6	37	784	478397	570400
Eure.	5	36	701	404665	581100
Manche.	6	48	643	595202	675700
Orne.	4	36	512	413688	610500
Seine-Inférieure. .	5	50	760	793000	603000
TOTAUX. . . .					

209 ILE-DE-FRANCE.

Départements.	Arrondissements.	Cantons.	Communes	Population.	Étendue en hectares.
Aisne.	5	37	840	565025	728500
Oise.	4	35	683	398641	582500
Seine.	3	28	81	2150914	47548
Seine-et-Marne. . .	5	29	556	350881	563400
Seine-et-Oise. . . .	6	36	687	530525	560000
TOTAUX. . . .					

210. Une ménagère achète chez un épicier 3 fr. de café, 7 fr. 50 de sucre, 4 fr. 15 de bougie, 13 fr. de chocolat, 18 fr. 30 de savon et 36 fr. 75 de vermicelle. Combien a-t-elle dépensé en tout ?

211. Un oncle partage sa fortune entre ses quatre neveux ; il donne à l'aîné 7395 fr.; au cadet 6137 fr. ; au troisième 5320 fr., et au quatrième 4375 fr. On demande la fortune de l'oncle.

212. Clément a 148 fr. dans sa bourse; il reçoit deux sommes, l'une de 16 fr. 45, l'autre de 173 fr. 78. Combien a-t-il maintenant ?

213. Les cinq arrondissements du département de l'Yonne comptent, savoir: celui d'Auxerre 118764 habitants ; celui de Joigny 98491; celui de Sens 67310 ; celui d'Avallon 45200, et celui de Tonnerre 42824. Quelle est la population totale du département de l'Yonne ?[1]

214. Les cinq plus grandes villes de France, Paris, Lyon, Marseille, Bordeaux et Lille comptent respectivement 1825274, 323954, 300132, 194241 et 155000 habitants. On demande la population totale de ces cinq villes.

215. Voici les populations des capitales de l'Europe: Londres, 3067000 habitants ; Paris, 1825274 ; Constantinople, 1075000 ; Berlin, 632000; Vienne, 578000 ; Saint-Pétersbourg, 539000 ; Madrid, 298000 ; Lisbonne, 224000 ; Copenhague, 155000 ; Stockholm, 135000 ; Florence, 115,000 ; Bruxelles, 107000; La Haye, 55000 ; Athènes, 30000. Quelle est la population totale de ces capitales ?

216. La terre est divisée en cinq grandes parties, qui sont : l'Europe, l'Asie, l'Afrique, l'Amérique et l'Océanie. La population de l'Europe est de 250000000 d'habitants ; celle de l'Asie, de 595000000; celle de l'Afrique, de 110000000 ; celle de l'Amérique, de 75000000, et celle de l'Océanie, de 35000000. Quelle est la population totale de la terre ?

217. Auxerre a 15497 habitants; Sens en a 11899 ; Joigny, 6239; Avallon, 6070, et Tonnerre, 5429. On demande la population réunie de ces cinq villes ?

218. En 1859, la France avait 36039364 habitants; en 1860, la Savoie et le comté de Nice, qui comptaient ensemble

---

1. Nous donnons dans cet ouvrage les chiffres accusés par le recensement quinquennal de 1866.

673802 habitants, ont été réunis à la France. Quelle était, après l'annexion, la population de notre pays ?

219. La laine en suint vaut 2 fr. 10 le kilogramme; lavée, elle vaut 1 fr. 95 de plus. Quel est le prix du kilo de laine lavée ?

220. Un nombre, diminué de 1479, devient 3748,9. Quel était ce nombre avant qu'on le diminuât ?

221. Un ouvrier a payé 43 fr. 25 une redingote; 14 fr. 50 un pantalon; 8 fr. un gilet, et 1 fr. 65 une cravate. Qu'avait-il dans sa bourse, s'il lui reste 27 fr. 75 ?

222. Mirabeau et Barnave étaient les plus grands orateurs de la Révolution française. Le premier naquit en 1749 et le second en 1761. Mirabeau mourut à l'âge de 42 ans et Barnave, à l'âge de 32 ans. En quelle année sont-ils morts l'un et l'autre ?

223. Les maréchaux de France, Vauban et Davoust, sont nés tous deux dans le département de l'Yonne, le premier en 1633, le second en 1770. Vauban est mort à l'âge de 74 ans et Davoust 115 ans plus tard. En quelle année sont-ils morts tous deux ?

224. Balzac, célèbre littérateur français, naquit à Angoulême en 1596 et mourut en 1655; Châteaubriand, littérateur plus célèbre encore, est né à Saint-Malo 172 ans après Balzac et est mort à l'âge de 80 ans. En quelle année est-il né et en quelle année est-il mort ?

225. Un marchand a vendu pour 59 fr. 35 de mousseline; pour 143 fr. 05 de drap; pour 96 fr. de toile; pour 38 fr. 70 de soie, et pour 327 fr. 95 d'autres marchandises. Combien a-t-il reçu en tout ?

226. Jules a 10 fr. 25; André, 29 fr. 40; Hyacinthe, 19 fr. 09; Charles, 7 fr. 75, et Auguste, 28 fr. S'ils mettent ce qu'ils possèdent chacun dans la même bourse, quelle somme contiendra-t-elle ?

227. Un tisserand a fait, savoir : le lundi 4 m. 85 de toile; le mardi 5 m. 05; le mercredi 3 m. 95; le jeudi 4 m. 30; le vendredi 5 m., et le samedi 3 m. 85. Combien a-t-il fait de mètres de toile dans sa semaine ?

228. Un propriétaire veut entourer un champ d'une haie; il

en mesure le contour et trouve les longueurs suivantes : 25 mètres, 42 m. 55, 23 m. 30, 119 mètres et 193 m. 28. Quelle sera la longueur de la haie ?

229. Agathe a gagné 115 fr. les quatre premiers mois de l'année ; 92 fr. 45 les trois mois suivants ; 169 fr. 70 les cinq derniers mois. Combien a-t-elle gagné dans l'année ?

230. Henri IV naquit en 1553 ; il monta sur le trône l'âge de 36 ans et régna 21 ans. En quelle année et à quel âge a-t-il été assassiné par Ravaillac ?

231. On sait que la ville de Beauvais a été délivrée de la fureur des Bourguignons par Jeanne Hachette en 1472. 100 ans plus tard eut lieu le massacre de la Saint-Barthélemy. En quelle année ce massacre a-t-il eu lieu ?

232. Les quatre grands fleuves de France, la Loire, le Rhône, la Seine, la Garonne, ont à peu près les longueurs suivantes : Loire, 1126 kilomètres ; Rhône, 812 ; Seine, 800 ; Garonne plus Gironde, 800. Quelle est la longueur totale de ces quatre cours d'eau ?

233. Les plus grands fleuves du monde sont : le Mississipi, 6000 kilomètres ; le Nil, 5500 ; l'Amazone, 5400 ; le fleuve bleu, 4500 ; le fleuve jaune, 3000 ; le Volga, 2800 ; le Danube, 2790 ; le Zaïre, 2600 ; le Gange, 2600 ; l'Orénoque, 2500 ; le Rio de la Plata, 2500 ; l'Euphrate, 1850, et le Rhin, 1300. Quel est leur parcours total ?

234. Les plus grandes villes du monde sont : Londres, capitale de l'Angleterre, 3067536 habitants ; Pékin, capitale de la Chine, 2500000 environ ; Yédo, capitale du Japon, 2000000 ; Paris, capitale de la France, 1825274 ; Nankin, seconde capitale de la Chine, 1200000 environ ; Constantinople, capitale de la Turquie d'Europe, 1075000. Quelle est la population totale de ces six villes ?

235. En 1849, un cultivateur a récolté 138 hectolitres de blé dans un champ et 17 dans un autre ; en 1850, il en a récolté 48 hectolitres de plus qu'en 1849. Combien a-t-il récolté de blé dans ces deux années ?

236. Un pain de sucre a été cassé en trois morceaux qui pèsent : le 1er 2 kilog. 28, le 2e 0 kilog. 915, et le 3e 1 kilog. 902. Quel était le poids total du pain ?

237. Un tonnelier tire d'un fût plein, savoir : une première fois 25 litres 75 de vin ; une deuxième fois 41 l. 80, et une troisième fois 49 l. 65. Quelle est la capacité du fût, s'il contient encore 12 l. 90 de vin ?

238. La population de Dieppe est de 20187 habitants, et celle du Havre, de 74336. En réunissant ces deux populations, on obtient celle de Rouen moins 8126 habitants. Quelle est la population de cette dernière ville?

239. L'arrondissement d'Avallon compte 45200 et celui de Tonnerre, 42824. Si ces deux populations étaient réunies, elles formeraient celle de l'arrondissement d'Auxerre moins 30740 âmes. On demande la population de l'arrondissement d'Auxerre.

240. Napoléon Ier est né à Ajaccio en 1769 ; il est mort à l'île Sainte-Hélène à l'âge de 52 ans. En quelle année est-il mort ?

241. Descartes, Lagrange, Fourier, Gay-Lussac et Arago, illustres savants français, naquirent, le 1er en 1596, le 2e en 1736, le 3e en 1768, le 4e en 1778, et le 5e en 1786. Ils sont morts, le 1er à 54 ans, le 2e à 77 ans, le 3e à 62 ans, le 4e à 72 ans, et le 5e à 67 ans. En quelle année sont-ils morts ?

242. Les meilleurs poëtes qu'a eus la France sont : Corneille, né en 1606 ; La Fontaine, né en 1621 ; Molière, né en 1622 ; Boileau, né en 1636 ; Racine, né en 1639 ; Voltaire, né en 1694 ; Delille, né en 1738 ; André Chénier, né en 1762 ; Millevoye, né en 1782 ; Casimir Delavigne, né en 1793. A leur mort, ils avaient, le 1er 78 ans, le 2e 74 ans, le 3e 51, le 4e 75, le 5e 60, le 6e 84, le 7e 75, le 8e 32, le 9e 34, et le 10e 50. En quelle année chacun est-il mort ?

243. La ville de Marseille a été fondée par les Phocéens vers l'an 600 avant Jésus-Christ. Quel est, en 1871, l'âge de cette ville?

244. Rome a été fondée par Romulus l'an 753 avant Jésus-Christ. Quel est son âge en 1871 ?

245. Charlemagne a succédé à son père, Pépin-le-Bref, en 768 et il a régné 46 ans. En quelle année est-il mort et à quel âge, s'il avait 26 ans à son avénement au trône ?

246. Joseph a 53 fr. 75 ; Jérôme 38 fr. et Auguste 29 fr. 25.

Que possède Jules, s'il a autant que Joseph et Auguste? et combien ont-ils ensemble?

247. La superficie de la France peut être divisée comme il suit : prairies 19994500 hectares ; céréales et jardins 21300000; bois 8725001 ; vignes 2113500; vergers 906679 ; terrains improductifs 1200000. Quelle est, en hectares, la superficie totale de la France?

248. En 1852, Paris a consommé pour 1259981 fr. d'huitres; pour 6935167 fr. de poisson de mer ; pour 14028627 fr. de gibier et volailles; pour 13238533 fr. de beurre, et pour 6150089 fr. d'œufs. A combien s'élèvent ces diverses dépenses, y compris une valeur de 808586 fr. de poisson d'eau douce?

249. Un tanneur achète 25 peaux fraîches de bœuf pour 650 fr. 25 ; il les revend préparées 355 fr. de plus qu'elles ne lui ont coûté. Quelle somme a-t-il reçue?

250. Un marchand achète de la soie qu'il revend 512 fr. 40; sachant qu'il perd 93 fr. 45, on demande combien il avait payé cette soie?

251. De quatre en quatre ans, l'année a 366 jours et est dite *bissextile*. L'année 1868 ayant été bissextile, indiquez, à partir de là jusqu'à 1900, les années qui seront bissextiles?

252. Léonard de Vinci, Michel-Ange, Raphaël, le Poussin, Pierre Puget, Joseph Vernet et David, tous peintres de premier ordre, naquirent, le 1er en 1452, le 2e 22 ans plus tard, le 3e en 1483, le 4e en 1594, le 5e 28 ans plus tard, le 6e en 1714, et le 7e 34 ans après. En quelle année sont-ils morts, s'ils étaient âgés, le 1er de 67 ans, le 2e de 89 ans, le 3e de 47, le 4e de 71, le 5e de 72, le 6e de 75, et le 7e de 77?

253. Un quintal vaut 100 kilogrammes et une tonne ou tonneau 1000 kilog. Quel est le poids total de quatre quintaux et de trois tonnes et demie?

254. Un boucher a vendu à un tanneur cinq peaux de bœuf pesant ensemble 185 kilos pour 160 fr.; 6 peaux de vache pesant 155 kilos pour 154 fr. 50, et 10 peaux de veau pesant 86 kilos pour 127 fr. Combien ce boucher a-t-il vendu de peaux? pour quelle somme? et quel était leur poids total?

255. Un marchand a échangé une pièce de coton estimée

98 fr. 75 contre une pièce de mérinos. Quel est le prix de cette dernière, si le marchand a donné en retour 77 fr. 40 ?

256. Une personne a donné à son boulanger 78 fr. 35 ; à son boucher 99 fr. 40 ; à son épicier 47 fr. ; à son tailleur 67 fr. 65, et à son médecin 73 fr. 80. Quelle somme avait cette personne, s'il lui reste 245 fr. ?

257. En revendant un objet 139 fr., un commerçant gagne 13 fr. 25. Combien aurait-il dû le revendre pour gagner le double ?

258. Un journalier a gagné 53 fr. 25 dans le mois d'avril, 28 fr. de plus dans le mois de mai. Qu'a-t-il reçu pour avril, mai et juin si, dans ce dernier mois, il a gagné 13 fr. 75 de plus que dans le mois précédent, et qu'a-t-il reçu en tout ?

259. Une fermière conduit au marché 7 dindes ; elle vend la 1re 8 fr. 25 ; la 2e 0 fr. 55 de plus ; la 3e 0 fr. 55 de plus que la 2e, et ainsi de suite jusqu'à la dernière. Quelle somme a-t-elle rapportée du marché, sachant qu'elle avait déjà 17 fr. 65 dans sa bourse ?

260. Un épicier a vendu 49 kilos de sucre pour 73 fr. 50 et 29 kilos de café pour 99 fr. 75. Quel aurait été le total de sa vente en poids et en argent, s'il avait vendu le double de chaque denrée ?

261. Un charcutier a vendu 37 kilos de porc. Combien avait-il de cette viande dans sa boutique, s'il lui reste le double de ce qu'il a vendu ?

262. Un marchand de bœufs en a vendu 4 ; le 1er lui a été payé 280 fr. ; le 2e 67 fr. de plus ; le 3e autant que les deux premiers, et le 4e autant que le 1er et le 3e. On demande le prix de chaque animal et la somme totale qu'a reçue le marchand.

Modèles de comptes.

L'Élève complétera le tableau suivant ; il totalisera par jour et par semaine [1].

1° Dépenses d'un ménage pour la 1re semaine du mois de janvier.

263.

JOURS.	Pain.		Viande.		Vin.		Légumes.		Bois.		Denrées diverses.		TOTAUX par jour.	
	fr.	c.	fr.	c.	fr.	c.	fr.	c.	fr.	c.	fr.	c.	fr.	c.
Dimanche	1	15	1	85	0	30	0	25	0	17	0	40		
Lundi...	1	05	1	35	0	45	0	40	0	25	0	65		
Mardi...	1	10	0	60	0	50	0	45	0	20	0	35		
Mercredi.	0	95	0	95	0	40	0	50	0	30	0	60		
Jeudi...	0	90	2	00	0	35	0	65	0	25	0	70		
Vendredi.	1	30	»		0	55	0	85	0	15	0	95		
Samedi..	1	00	1	40	0	60	0	35	0	20	0	25		
TOTAUX de la semaine.														

1. On ferait de même pour les dépenses d'un mois ; seulement, au lieu de désigner les jours, il serait plus convenable de mettre des dates. Ainsi, on écrirait : Janvier 1, 2, 3, 4, etc. — Ce tableau et le suivant nous semblent très-propres à habituer les enfants à l'ordre et à la méthode.

L'Élève complétera le tableau suivant; il totalisera par mois et par année.

2o Dépenses d'un ménage pour une année.

264.

MOIS.	Pain.		Viande.		Vin.		Légumes		Bois.		Denrées diverses.		TOTAUX par mois.	
	fr.	c.	fr.	c.	fr.	c.	fr.	c.	f	c	fr.	c.	fr.	c.
Janvier. .	31	00	35	25	17	25	21	10	9	35	20	85		
Février. .	27	95	30	90	13	50	19	35	8	85	18	25		
Mars....	30	85	41	25	14	35	18	45	5	45	14	35		
Avril. .	29	00	32	00	15	90	14	75	4	95	15	00		
Mai. . .	32	15	29	50	14	60	15	35	3	25	16	10		
Juin....	31	05	25	55	20	15	14	90	2	50	11	85		
Juillet...	30	65	27	50	9	35	17	65	2	00	13	05		
Août....	29	90	33	25	12	85	19	45	1	75	14	25		
Septembre	30	00	34	10	18	30	14	25	1	90	15	40		
Octobre. .	29	65	32	85	11	25	11	55	2	65	14	65		
Novembre	27	60	28	05	12	05	18	75	3	35	13	55		
Décembre.	19	15	31	75	15	00	20	15	7	10	20	50		
TOTAUX de l'année.														

265. Un négociant achète cinq sortes de cafés; de la 1re il prend 175 kilos; de chacune des 2e et 4e 249 kilos; de la 3e autant que de la 1re et de la 4e réunies; enfin de la 5e autant que de la 3e plus 28 kilos. Combien a-t-il acheté de kilos de café en tout?

266. Le département de l'Yonne a 5 arrondissements qui

renferment : celui d'Auxerre 12 cantons, 132 communes et 118764 habitants ; celui de Joigny 9 cantons, 108 communes et 98491 habitants ; celui de Sens 6 cantons, 91 communes et 67310 habitants ; celui d'Avallon 5 cantons, 72 communes et 45200 habitants ; celui de Tonnerre 5 cantons, 82 communes et 42824 habitants. Combien y a-t-il de cantons, de communes et d'habitants dans ce département?

267. La population de la France était en 1862 de : département de la Seine : sexe masculin, 1010048 ; sexe féminin, 954624 ; villes : sexe masculin, 4419713 ; sexe féminin, 4474242 ; campagnes : sexe masculin, 13296399 ; sexe féminin, 13381622. On demande quelle était, à cette époque, la population par sexe et totale de la France?

268. Il y a 4 enfants dans une famille. Le plus jeune a 5 ans ; celui qui vient après a 3 ans de plus ; le 3ᵉ a également 3 ans de plus que le second, et le 4ᵉ 7 ans de plus que le 3ᵉ. L'âge du père est égal aux âges réunis de ses enfants ; et celui de la mère, aux âges réunis des trois derniers. On demande : 1° l'âge du père ; 2° celui de la mère.

269. Hippolyte a gagné 2 fr. 95 le lundi ; 2 fr. 25 le mardi ; 3 fr. 75 le mercredi et 2 fr. le jeudi. Combien a-t-il gagné le vendredi, s'il a reçu ce jour-là autant que le lundi et le mercredi? combien a-t-il reçu le samedi si, ce jour-là, il a gagné autant que le lundi et le mardi? et combien a-t-il gagné en tout dans sa semaine?

II. — EXERCICES ET PROBLÈMES SUR LA SOUSTRACTION DES NOMBRES ENTIERS ET DÉCIMAUX.

1° Exercices.

L'Élève effectuera les soustractions suivantes et fera la preuve des opérations.

270.	47 32	271.	59 43	272.	71 60	273.	88 45
274.	98 55	275.	76 34	276.	38 17	277.	69 36
278.	146 34	279.	327 104	280.	536 124	281.	816 401
282.	937 514	283.	748 425	284.	894 150	285.	695 534
286.	4753 1501	287.	4539 103	288.	9617 4305	289.	7946 1625
290.	5386 4 0 5	291.	6749 4415	292.	8457 316	293.	1783 1452
294.	57865 24301	295.	34675 13324	296.	91075 41041	297.	84565 1403

298.	914536 403203	299.	476458 142125	300.	875296 250174	301.	481769 150454
302.	35757 18064	303.	457867 90928	304.	317589 80756	305.	465019 4536
306.	457675 390759	307.	5301786 940867	308.	4786576 1936475	309.	1749045 650327
310.	4076371 9809	311.	9045367 190438	312.	4018358 507505	313.	19345768 417409

314. Un vigneron a récolté :

en 1869   318 hectol. de vin rouge et 75 hectol. de blanc;
en 1870   219   —   49   —

Différence en moins   » hectol. de vin rouge et » hectol. de blanc.

315. Un boulanger avait dans sa boutique :

195 pains de 2 kilos; 137 de 1 kilo; 245 d'un demi-kilo.
Il a vendu   98   —   79   —   158   —

Reste   » pains de 2 kilos;   » de 1 kilo;   » d'un demi-kilo.

316. Un tailleur doit fournir à l'armée :

27590 tuniques; 35275 pantalons; 28255 capotes.
Il a déjà livré 13945   —   18057   —   14986   —

Reste à fournir   » tuniques;   » pantalons;   » capotes.

317. Un tuilier a vendu :

35250 tuiles; 3800 briques; 1580 carreaux; 190 faîtières.
Il a déjà fourni 10275 — 2155 — 1325 — 135 —

Reste à livrer   » tuiles;   » briques;   » carreaux;   » faîtières.

318. Une manufacture d'armes a fabriqué :

en 1868	53156	fusils et	10539	pistolets valant	3836849	fr.
en 1869	45097	—	9610		3262500	
Différence en moins	»	fusils	»	pistolets	»	fr.

OBSERVATION. — La soustraction des nombres décimaux se fait comme celle des nombres entiers, et la virgule du résultat se place au-dessous des autres. — Si l'un des deux nombres a plus de chiffres décimaux que l'autre, on ajoute, à la droite de celui qui en a le moins, autant de zéros qu'il est nécessaire pour qu'ils en aient tous deux la même quantité [1].

319. 45,8	**320.** 846,5	**321.** 4675,85	**322.** 53675,87
19,4	757,6	1759,19	17097,59

323. 457675,9	**324.** 567817,95	**325.** 1867537,9	**326.** 1074535,94
185394,86	149053,2	748718,45	905317,08

327. 409765	**328.** 507675,39	**329.** 43617,4	**330.** 76018,437
47836,3	431907	17086,015	18107,9

331. Un marchand doit	26150 fr. 7		**332.** Un brasseur a	3615 litres 5	de bière
Il paie	13290	85	Il en vend	2920	75
Reste dû	»		Il lui en reste	»	

333. Un boucher avait dans sa boutique :

	118 kil. 75 de bœuf;	86 kil. 4 de veau;	57 kil. 55 de mouton;
Il a vendu	99 5 —	59 75 —	43 005 —
Reste	» de bœuf;	» de veau;	» de mouton.

1. On ne change pas la valeur d'un nombre décimal en ajoutant ou en supprimant à sa *droite* un nombre quelconque de zéros.

334. Un marchand de bois a acheté :

	308 stères 9	chène;	76 stères 85	hêtre et	105 stères 7	charme valant 2769 f.
Il cède à prix coûtant }	179 55	— 58 1	— 98 95	—	2397 05	
Il lui reste	» chène;	» hêtre	» charme valant	»		

L'Élève fera les soustractions suivantes après les avoir convenablement posées. — Le signe —, qui sépare les nombres, signifie *moins*.

335.	45f786 — 35768	347.	452,9 — 59,98
336.	5096755 — 537694	348.	9347,55 — 8139,07
337.	6070178 — 1977683	349.	10715,45 — 8935,4
338.	7545763 — 5378945	350.	397653,82 — 287932,019
339.	45757658 — 9545739	351.	5370176,9 — 4753751,87
340.	40193671 — 570964	352.	537456 — 93767,85
341.	9024368 — 17985	353.	845675,4 — 767139
342.	30674532 — 8345379	354.	8100,012 — 7000
343.	1945376 — 90198	355.	98888,4 — 51119,049
344.	9045245 — 738	356.	0,92 — 0,88
345.	10000000 — 9999999	357.	61546,07 — 9888,008
346.	6666666 — 777777	358.	475,01 — 0,977

359. Comptez par 10 en diminuant à partir de 70 jusqu'à 0, et additionnez ensuite les nombres que vous trouverez.

360. Comptez par 5 en diminuant à partir de 45 jusqu'à 0, et additionnez ensuite les nombres trouvés.

361. Comptez par 3 en diminuant à partir de 27 jusqu'à 0, et additionnez ensuite les nombres que vous obtiendrez.

362. Comptez par 4 en diminuant à partir de 36 jusqu'à 0, et additionnez ensuite les nombres obtenus.

363. Comptez par 6 en diminuant à partir de 42 jusqu'à 0, et additionnez ensuite les nombres trouvés.

364. Comptez par 7 en diminuant à partir de 49 jusqu'à 0, et additionnez ensuite les nombres trouvés.

365. Comptez par 8 en diminuant à partir de 64 jusqu'à 0, et additionnez ensuite les nombres obtenus.

366. Comptez par 9 en diminuant à partir de 72 jusqu'à 0, et additionnez ensuite les nombres que vous trouverez.

367. Combien de fois 6 est-il contenu : 1° dans 36? 2° dans 48?

368. Combien de fois 8 est-il contenu : 1° dans 40? 2° dans 56?

369. Quel reste trouvez-vous après avoir ôté 7 de 53 autant de fois que possible?

370. Quel reste trouvez-vous après avoir ôté 9 de 74 autant de fois que possible?

L'Élève fera les soustractions suivantes après avoir écrit les nombres en chiffres ; il aura soin de mettre le plus *petit* sous le plus *grand*. — Les nombres sont séparés par des virgules.

371. Deux mille quatre, mille neuf cent trois.

372. Dix-sept mille huit, huit mille trente-neuf.

373. Vingt-cinq mille quarante-cinq, vingt-neuf mille six.

374. Quatre cent cinquante mille quinze, trois cent mille seize.

375. Trente-sept mille sept, quarante-deux mille cinquante.

376. Cinq cent six mille dix-sept, six cent soixante mille dix-neuf.

377. Neuf cent mille, trois mille quatre unités trois centièmes.

378. Vingt-six unités huit dixièmes, dix mille unités deux millièmes.

379. Cinquante mille francs, neuf mille six francs deux centimes.

380. Trois millions quatre mille vingt unités quatre dixièmes, neuf cent vingt-six unités soixante-cinq millièmes.

381. Dix-sept litres, quarante-neuf centilitres.

382. Soixante-onze mètres, quatre-vingts mètres trois centimètres.

383. Vingt-deux mille grammes quatre décigrammes, trente-neuf grammes six milligrammes.

384. Six cent mille deux, deux millions vingt mille quatre.

385. Quarante-huit francs quatre décimes, neuf cent sept francs six centimes.

386. Trente mille mètres trois centimètres, deux cent mille mètres.

387. Trois cent mille litres, sept litres treize millilitres.

388. Dix-huit millions deux mille quatorze unités cinq centièmes, six cent mille trois unités sept millièmes.

389. Cinq mille quatre unités trois dixièmes, vingt-un mille unités quatre millièmes.

390. Deux billions deux mille deux unités neuf millièmes, cent quatre billions treize mille unités deux dixièmes.

2° Problèmes.

391. Ludovic doit 16 fr. sur lesquels il paie 9 fr. : que redoit-il ?

392. Charles doit 24 fr., mais il ne possède que 13 fr. Que lui manque-t-il pour pouvoir payer sa dette ?

393. Un écolier a reçu 38 bons points pour son application ; le lendemain, il a été obligé d'en rendre 41. Combien lui en reste-t-il ?

394. Marie a fait 78 fautes dans ses dictées du mois de mars ; dans le mois d'avril, elle en a fait 21 de moins. Combien en a-t-elle fait dans ce dernier mois ?

395. Louise a reçu de sa mère 1 fr. 50 ; elle a acheté des plumes pour 35 centimes. Que lui reste-t-il ?

396. Un homme, qui s'est marié à 24 ans, a aujourd'hui 37 ans. Combien y a-t-il d'années qu'il est marié ?

397. Félix a eu 9 ans en 1869 : en quelle année est-il né ?

398. Gustave est né en 1853 et il est mort en 1864. A quel âge est-il mort ?

399. Un écolier a maintenant 57 billes ; combien en a-t-il gagné s'il n'en avait que 29 avant de jouer ?

400. Jules vend sa toupie 0 fr. 34 ; que lui avait-elle coûté, s'il gagne 13 centimes ?

401. Si Alphonse avait 70 centimes de plus, il aurait 28 sous : combien a-t-il ?

402. Ernest a 1 heure et demie pour faire ses devoirs ; il ne met que 1 heure 14 minutes. Combien lui reste-t-il de temps pour jouer ?

403. On a payé 25 fr. 50 à un créancier auquel on devait 31 fr. Que lui doit-on encore ?

404. Un cultivateur a semé 7 hectolitres d'orge et il en a récolté 76. Combien a-t-il récolté d'hectolitres de plus qu'il n'en a semé ?

405. Que faut-il ajouter à 17 pour avoir 41 ?

406. De combien 89 surpasse-t-il 63 ?

407. Le département du Var avait 372000 habitants. On lui a enlevé l'arrondissement de Grasse, peuplé de 68000 habitants, pour le mettre dans le département des Alpes-Maritimes. Quelle est maintenant la population du Var ?

408. Un particulier, qui n'a que 1348 fr., veut acheter un champ de 3000 fr. Que lui manque-t-il pour le payer ?

409. Pierre a 918 fr. 15 : que lui manque-t-il pour payer une dette de 1304 fr. 9 ?

410. Que faut-il ajouter à 13007,54 pour avoir 90058,6 ?

411. Quelle différence y a-t-il entre 375 et 20132 ?

412. De combien 19045 est-il plus grand que 8075,92 ?

413. Il manque 39 fr. 05 à Louis pour avoir 108 fr. Quelle somme possède-t-il ?

414. Les télescopes ou lunettes d'approche furent inventés en 1609 par Jansen, lunetier de Middelbourg, en Zélande. Combien, en 1871, y a-t-il d'années qu'on connaît les télescopes ?

415. La boussole (instrument qui sert à diriger les navigateurs sur les mers) était connue en Chine plus de mille ans avant Jésus-Christ. Flavio Gioja d'Amalfi (ville d'Italie) la découvrit à son tour en 1302 et en répandit l'usage en Europe. Combien, en 1871, y a-t-il de temps que la boussole est connue en Europe ?[1]

416. Si l'on ajoutait 0,089 à un nombre, on obtiendrait au total 0,717. Quel est ce nombre ?

417. Il s'en faut de 0 fr. 67 qu'une bourse contienne 45 fr. : que contient cette bourse ?

418. Paris, en 1852, a consommé pour 13238533 fr. de beurre

---

1. Les données de tous les énoncés contenus dans ce recueil ont été puisées à sources sûres. Les Maîtres pourront donc se dispenser de les vérifier.

et pour 6150089 fr. d'œufs. De combien la consommation des œufs a-t-elle été inférieure à celle du beurre?

419. Le baromètre (instrument qui sert à indiquer les changements de l'atmosphère) a été inventé par Torricelli, élève de Galilée, en 1643. Combien y a-t-il d'années qu'on connaît le baromètre en 1871?

420. Jenner, célèbre médecin anglais, qui découvrit la vaccine en 1776 et la propagea en 1796, mourut en 1823 à l'âge de 74 ans. En quelle année est-il né et à quel âge fit-il sa découverte?

421. L'imprimerie fut inventée en 1436 par Jean Guttemberg de Mayence, qui mourut en 1468, à l'âge de 68 ans. Quel âge avait-il lorsqu'il inventa l'imprimerie et en quelle année est-il né?

422. Lavoisier est né à Paris en 1743; à l'âge de 25 ans il fut admis à l'Académie des sciences, et en 1787 il créa une nouvelle nomenclature chimique qui changea la face de cette science. Malgré cela, il fut guillotiné en 1794. A quel âge est-il mort et en quelle année a-t-il été nommé académicien?

423. Je devais 4234 fr. 85; j'ai payé 3915 fr. 50. Que dois-je encore?

424. Une vache, achetée 236 fr., a été revendue 273 fr. Quel a été le bénéfice?

425. En revendant un objet 97 fr. 50 on gagne 39 fr. Combien cet objet avait-il coûté?

426. Napoléon Iᵉʳ est né à Ajaccio (Corse) en 1769 et il est mort à l'île Sainte-Hélène en 1821. A quel âge est-il mort?

427. Louis XIV est né à Saint-Germain-en-Laye en 1638 et il est mort en 1715. A quel âge?

428. Charlemagne, né en 742, est mort à 72 ans, après en avoir régné 46. En quelle année est-il monté sur le trône et en quelle année est-il mort?

429. Dans une année il meurt en moyenne en France 813975 individus et il naît 969715 enfants. De combien s'accroît, en moyenne, la population de la France par an?

430. Les chiffres dont nous nous servons, et qu'on appelle chiffres arabes, ont été connus en 1150. Combien, en 1872, y a-t-il d'années qu'on les connaît?

431. La lithographie (écriture sur pierre) a été imaginée en 1796 par le Bavarois Sennefelder. Combien, en 1871, y a-t-il d'années que la lithographie est connue ?

432. La photographie (dessin par la lumière) a été découverte en 1839 par le Français Daguerre, né en 1788 et mort en 1851. Combien y a-t-il de temps qu'on connaît la photographie et en quelle année son inventeur est-il décédé ?

433. Les armes à feu ont été inventées au xive siècle de notre ère. Les Anglais en firent contre nous, pour la première fois, il y a 525 ans en 1871, un funeste usage à la bataille de Crécy. En quelle année a eu lieu cette bataille ?

434. Christophe Colomb a découvert l'Amérique en 1492. Combien y a-t-il d'années en 1871 ?

435. Newton, illustre savant anglais, naquit en 1642 et mourut en 1727. A quel âge est-il mort ?

436. Une personne avait à la caisse d'épargne 325 fr.; elle retire 110 fr. et remet 97 fr. 15 jours après. Quelle somme lui doit maintenant la caisse d'épargne ?

437. Une caisse vide pèse 7 kilog. 25 décagrammes; pleine de savon, elle pèse 69 kilog. 45 décagrammes. Quel est le poids du savon que contient cette caisse ?

438. On a pesé un vase plein d'eau et l'on a trouvé un poids de 8 kilog. 6 grammes 5 centigrammes ; on a ensuite pesé l'eau seule, et son poids a été de 7 kilog. 98 grammes. On demande le poids du vase vide.

439. Sur une pièce de drap de 28 mètres 75 on a pris 7 mètres pour trois habits et 5 mètres 18 pour 6 gilets. Que reste-t-il de la pièce ?

440. Antoinette va à la ville avec 133 fr. 25 ; elle achète du drap pour 28 fr. 30, de la toile pour 51 fr. 15, du savon pour 9 fr. 35 et du sucre pour 19 fr. Que lui reste-t-il ?

441. La plus haute montagne du monde, l'Himalaya, en Asie, a une hauteur de 8600 mètres environ, et le mont Blanc, la plus haute montagne de l'Europe, a 4810 mètres. De combien de mètres s'en faut-il que le mont Blanc soit aussi élevé que l'Himalaya ?

442. Le thermomètre (instrument qui sert à mesurer la température) a été inventé vers 1621 par Drebbel, savant hollandais. Combien y a-t-il d'années en 1871 qu'on connaît le thermomètre?

443. Le sucre de betterave n'est connu que depuis 1810. Il a été découvert, à cette époque, par Benjamin Delessert, né à Lyon en 1773 et décédé en 1847. A quel âge Delessert est-il mort et combien y a-t-il d'années en 1871 qu'on fait usage du sucre de betterave?

444. Les frères Étienne et Joseph Montgolfier, inventeurs des ballons, naquirent à Annonay, Étienne en 1740 et Joseph en 1745. Ils moururent, le premier en 1799, le second en 1810. A quel âge chaque frère est-il mort et en quelle année ont-ils fait leur invention, si Étienne avait alors 43 ans?

445. Un ouvrier, qui s'était chargé de faire un travail en 17 jours, y a consacré 8 jours de plus. Quel jour l'a-t-il commencé, s'il l'a fini le 26 mai?

446. La cane couve 30 jours, la dinde 29 et la poule 22. Une dinde, une cane et une poule commencent à couver le 19 avril. On demande le jour de l'éclosion de chaque couvée.

447. Une mère avait 29 ans à la naissance de sa fille. Quel sera l'âge de l'enfant lorsque la mère aura 64 ans?

448. André est né en 1818; il s'est marié en 1839 et a perdu sa femme 7 ans après. A quel âge s'est-il marié et en quelle année sa femme est-elle morte?

449. Molière, illustre écrivain et comédien célèbre, est mort en 1673 à l'âge de 53 ans. En quelle année est-il né?

450. C'est l'anglais Robert Stephenson qui construisait en 1829 la première locomotive (machine des chemins de fer). Le premier chemin de fer français, de Lyon à Saint-Étienne, ayant été fait 4 ans après, on demande en quelle année il a été fait et combien il y a de temps qu'il existe en 1872.

451. En 1300, sous Philippe le Bel, la population de Paris était de 125092 habitants; en 1800, elle était de 732800; en 1841, de 935261. De combien d'habitants la population de Paris s'est-elle accrue de 1300 à 1800 et de 1800 à 1841?

452. Trois révolutions ont eu lieu en France, la 1re en 1789, la 2e en 1830 et la 3e en 1848. On désire connaître la différence qui existe entre les nombres d'années qui se sont écoulées de 1789 à 1830 et de 1830 à 1848.

453. Le montant total des contributions indirectes en France s'est élevé, en 1869, à 662453547 fr.; en 1868, il s'est élevé à 642638578 fr. Quelle est l'augmentation de 1869 sur 1868?

454. Un homme charitable possède 13045 fr. 80; il donne 7030 fr. 95 aux pauvres; 830 fr. à son domestique; 1908 fr. à un ami, et le reste à l'école. Quelle a été la part de l'école?

455. Si j'avais 128 fr. de plus, je pourrais acheter une vache de 250 fr. et un cheval de 438 fr. Quelle somme ai-je?

456. Si j'avais 37 fr. de plus, je pourrais payer les 87 mètres de toile que j'ai achetés 134 fr., et il me resterait 13 fr. 55. Quelle somme ai-je?

457. Un propriétaire a vendu 149 ares 15 centiares d'une pièce de terre qui contenait 182 ares 9 centiares. Que reste-t-il de la pièce?

458. Un marchand de bois avait dans son chantier 196 stères de chêne; il en a vendu une première fois 27 stères 8 décistères et une seconde fois 49 stères 45 centistères. Combien lui reste-t-il de bois? [1].

459. L'invention de la navigation à vapeur doit être attribuée au Français Jouffroy et à l'Américain Fulton. Le premier, né en Franche-Comté en 1751, est mort en 1832; le second, né en 1765 aux États-Unis, est mort en 1815. Combien Jouffroy a-t-il vécu d'années de plus que Fulton?

460. La France comptait, en 1859, 36039364 habitants. Par suite de l'annexion de la Savoie et du comté de Nice, la population de la France s'est élevée au chiffre de 36713166 habitants. Quelle était la population des pays annexés?

461. En 1820, la population de Marseille était de 140190 habitants; en 1856, elle était de 233817, et en 1870 elle est de 300132. De combien la population s'est-elle accrue de 1820 à 1856 et de 1856 à 1870?

462. 75 hectolitres de blé ont été revendus 1575 fr.; si on les

---

1. Nous avons bien des fois constaté que les abréviations sont une cause d'embarras pour les élèves. C'est pour obvier à cet inconvénient que nous les avons presque totalement supprimées dans cet ouvrage.

eût revendus 150 fr. 75 de plus, on aurait gagné 225 fr. 60. Combien ces 75 hectolitres avaient-ils coûté ?

463. Une maison, qui a été revendue 36530 fr., aurait donné un gain de 2050 fr. si on l'eût achetée 120 fr. de moins. Combien l'a-t-on payée ?

464. Le reste d'une soustraction est 516,92 ; si l'on en fait la preuve, on trouve 911,075. Quel est le plus petit nombre ?

465. La différence qui existe entre deux sommes d'argent est de 19 fr. 15 ; la plus petite de ces sommes étant 103 fr. 65, on demande la plus grande.

466. Un métayer, qui a vendu 39650 kilos de foin, en a livré 4 voitures contenant : la 1re 4165 kilos ; la 2e 3945 kilos ; la 3e 2997, et la 4e 4098. Quelle quantité de foin doit-il encore livrer ?

467. En 1869, le montant total des contributions indirectes s'est élevé à 662453547 fr. Dans ce chiffre, le produit des boissons figure pour 250236776 fr.; celui des tabacs, pour 254272972 fr.; celui des sucres indigènes, pour 64035237 fr.; celui des sels, pour 10615845 fr.; celui de droits divers, pour 70165719 fr., et celui des poudres pour le reste. Quel est le produit des poudres ?

468. Un épicier a acheté pour 2047 fr. 25 de café ; les frais de transport se sont élevés à 39 fr. 60 et ceux de commission à 9 fr. 45. On demande son bénéfice ou sa perte, sachant qu'il a retiré de la vente de ce café 2385 fr. 75.

469. Un bœuf pèse 695 kilos et une vache 437 kilos 5 décagrammes. Quel poids devrait-on ajouter à celui de la vache pour avoir le poids du bœuf ?

470. Marat, Robespierre et Danton étaient trois des hommes les plus cruels de la Terreur. Le 1er, né en 1744, fut assassiné par Charlotte Corday en 1793 ; le 2e et le 3e, nés en 1759, furent guillotinés en 1794. De combien s'en fallait-il qu'ils ne fussent tous trois âgés de 54 ans à leur mort ?

471. En 1871, il y a 71 ans qu'a eu lieu la bataille de Marengo ; 12 ans qu'a eu lieu celle de Solférino, et 16 ans qu'a eu lieu la prise de Sébastopol. En quelle année chacun de ces événements s'est-il accompli ?

472. François Ier, roi de France, naquit en 1494 et mourut

en 1547 ; il monta sur le trône en 1515 et fut fait prisonnier 10 ans après à la bataille de Pavie. Combien d'années a-t-il vécu ; à quel âge est-il devenu roi et en quelle année eut lieu la bataille de Pavie ?

473. Le fermier Guillaume, qui a déjà 32 fr. 45, pourrait payer une dette de 353 fr. 20 s'il vendait sa vache ce qu'il croit qu'elle vaut. Combien pensait-il vendre sa vache et que l'a-t-il vendue réellement, s'il lui reste, sa dette payée, 21 fr. 75 ?

474. Un négociant achète 8135 kilos de sucre pour 4459 fr. ; on lui en livre 1995 kilos pour 2733 fr. Combien doit-on encore lui livrer de sucre et pour quelle somme ?

475. Un marchand achète 645 mètres de drap pour 6772 fr. 50 ; il en vend 371 mètres et demi pour 3900 fr. 75. Que lui reste-t-il de drap et combien doit-il vendre ce reste pour gagner 325 fr.?

476. Quel est le prix d'une maison qu'on échange contre une autre, sachant qu'on donne 9706 fr. en retour et que celle qu'on prend vaut 22165 fr.?

477. Une ménagère va au marché avec 13 fr. 85 ; elle achète de la viande pour 4 fr. 25, du beurre pour 1 fr. 95, des légumes pour 0 fr. 85 et des œufs pour 1 fr. 30 ; elle rencontre ensuite une amie qui lui paie une dette de 2 fr. On demande la somme que la ménagère rapporte chez elle.

478. Une pièce d'argent de 5 fr. pèse 25 grammes et une pièce d'or de 50 fr. pèse 16 grammes 129 milligrammes. Faire connaître la différence de ces deux pièces en valeur et en poids.

479. On a cru longtemps que le soleil tournait et que la terre ne bougeait pas. Galilée, savant Italien, né à Pise en 1564, démontra, en 1633, que la terre tourne autour du soleil, qui est immobile. Combien, en 1871, y a-t-il de temps qu'on sait que la terre tourne et en quelle année mourut Galilée, s'il vécut 78 ans?

480. Bossuet, célèbre écrivain et orateur français, est né à Dijon en 1627 ; il avait 24 ans lorsque naquit Fénelon, non moins célèbre écrivain que lui. En quelle année est né ce dernier, et quel est celui qui a vécu le plus longtemps, si Bossuet est mort en 1704, et Fénelon en 1715 ?

481. Un entrepreneur, qui a gagné 2195 fr. dans une première entreprise, perd 1025 fr. 75 dans une seconde et 912 fr. dans une troisième. Qu'a-t-il gagné ou perdu, en définitive ?

482. J'avais 1085 fr. 70 ; j'ai emprunté 712 fr. et j'ai payé ensuite deux dettes, l'une de 796 fr. 85, l'autre de 819 fr. Que me reste-t-il et combien me manque-t-il pour rembourser les 712 fr. qu'on m'a prêtés ?

483. Une pièce de velours de 19 m. 45 a coûté 291 fr. 75. On en a vendu une première fois 7 m. 50 pour 120 fr.; une deuxième fois 6 m. 85 pour 116 fr. 25. Le reste ayant été vendu 83 fr., on demande ce qu'on a gagné sur la pièce de velours et le nombre de mètres que contenait le reste.

484. Cinq personnes se partagent une somme de 28340 fr. de la manière suivante : la première prend 5492 fr. 20; la seconde 221 fr. 85 de plus que la première; la troisième 400 fr. de moins que la seconde; la quatrième 165 fr. de moins que la première, et la cinquième le reste. Quelle est la part de celle-ci ?

485. Un marchand achète du drap pour 2017 fr. 75 ; de la soie pour 976 fr., et du calicot pour 239 fr. 65. Il a revendu du drap pour 1920 fr.; de la soie pour 816 fr. et du calicot pour 138 fr. 85. Sachant qu'il veut payer une dette de 2327 fr., on demande : 1° la somme qu'il lui manque s'il avait déjà en caisse 18 fr. 40 ; 2° la valeur du reste de chacune des étoffes.

486. Buffon, Laurent de Jussieu et Cuvier sont trois illustres naturalistes français. Le premier naquit à Montbard en 1707 et mourut en 1788; le deuxième naquit à Lyon en 1748 et mourut en 1836 ; le troisième naquit à Montbéliard en 1769 et mourut en 1832. A quel âge sont-ils morts tous trois et combien Laurent de Jussieu a-t-il vécu d'années de plus que Cuvier ?

487. Un ivrogne va au cabaret avec 3 pièces de 5 fr., deux de 2 fr. et 6 de 20 centimes. Il boit pour 1 fr. 50 de vin, pour 0 fr. 40 de café et pour 0 fr. 95 de cognac. L'ivrogne, qui ne sait plus ce qu'il fait, donne alors en paiement une pièce de 2 fr. et toutes ses pièces de 0 fr. 20. On demande : 1° s'il a trop donné ; 2° ce qu'il lui resterait s'il avait payé juste sa consommation.

L'Élève fera la balance du compte suivant, c'est-à-dire qu'il cherchera la différence qui existe entre le montant des recettes et celui des dépenses.

Recettes et Dépenses d'un cultivateur pour le mois de mars.

488.

Dates.	NATURE DES RECETTES ET DES DÉPENSES.	Recettes.		Dépenses.	
		fr.	c.	fr.	c.
2	Vendu deux veaux.	118	50	»	»
5	Acheté un bélier.	»	»	65	10
7	Acheté 5ᵐ25 de toile écrue.	»	»	10	50
10	Vendu 7 hectolitres et demi de blé . . .	165	»	»	»
16	Payé au boulanger.	»	»	19	85
19	Acheté une blouse et un gilet.	»	»	22	»
20	Vendu 5 moutons.	145	25	»	»
21	Vendu une feuillette de vin.	37	»	»	»
24	Remis pour le ménage.	»	»	33	25
26	Reçu de M. Albert.	53	75	»	»
29	Payé pour 5 journées de maçon.	»	»	10	75
31	Reçu de M. Moreau.	94	»	»	»
	TOTAUX.				
	DIFFÉRENCE..				

489. Un maquignon part à une foire avec 4795 fr.; il achète 7 vaches qui lui coûtent, les deux premières, 320 fr. chacune; la troisième autant que les deux premières moins 205 fr.; la quatrième autant que la troisième plus 10 fr.; la cinquième et la sixième ensemble autant que la troisième et la quatrième moins 95 fr.; enfin la septième le double de la troisième moins

135 fr. Quelle somme rapportera-t-il chez lui s'il fait d'autres dépenses s'élevant à 10 fr. 35 ?

L'Élève remplira les colonnes 1, 2 et 3 du tableau suivant :

490.

PRINCIPAUX ROIS de France.	Date de la naissance.	Date de l'avénement au trône.	Date de la mort.	Âge des Rois à leur avènement au trône. 1	Durée du règne. 2	Durée de la vie. 3
Clovis..	465	481	511			
Charlemagne. .	742	768	814			
Philippe Aug^te.	1165	1180	1223			
Saint-Louis.. .	1215	1226	1270			
Charles V... .	1337	1364	1380			
Charles VII...	1403	1422	1461			
Louis XI. . . .	1423	1461	1483			
Louis XII.. . .	1462	1498	1515			
François Ier.. .	1494	1515	1547			
Henri IV. . . .	1553	1589	1610			
Louis XIV. . .	1638	1643	1715			

III. — EXERCICES ET PROBLÈMES SUR LA MULTIPLICATION DES NOMBRES ENTIERS ET DÉCIMAUX.

1° Exercices.

PRINCIPE. — Pour multiplier un nombre *entier* par 10, par 100, par 1000, par 10000, par 100000, etc., il suffit d'écrire à la *droite* de ce nombre *autant* de zéros qu'il y en a après l'unité, c'est-à-dire un pour 10, deux pour 100, trois pour 1000, quatre pour 10000, cinq pour 100000, et ainsi de suite.

L'Élève effectuera les multiplications suivantes [1] :

491.	(9 × 7)	508.	(517 × 3)
492.	(6 × 9)	509.	(3457 × 7)
493.	(7 × 8)	510.	(4579 × 6)
494.	(5 × 8)	511.	(3628 × 6)
495.	(9 × 9)	512.	(7657 × 10)
496.	(8 × 9)	513.	(94565 × 5)
497.	(12 × 6)	514.	(476534 × 8)
498.	(26 × 5)	515.	(5367 × 46)
499.	(35 × 4)	516.	(59034 × 98)
500.	(48 × 3)	517.	(45367 × 100)
501.	(29 × 7)	518.	(45983 × 109)
502.	(31 × 8)	519.	(74576 × 1000)
503.	(49 × 8)	520.	(7476 × 208)
504.	(70 × 6)	521.	(6078 × 304)
505.	(93 × 5)	522.	(9705 × 790)
506.	(365 × 9)	523.	(8790 × 407)
507.	(478 × 2)	524.	(4764 × 2008)

[1] Les multiplications à effectuer sont entre parenthèses. — Le signe ×, qui sépare le multiplicande du multiplicateur, signifie *multiplié par*.

525. (59053 × 347)	538. (675 × 50000)
526. (7478 × 1000)	539. (2000 × 1000)
527. (5849 × 2056)	540. (843 × 20702)
528. (90167 × 2905)	541. (4290 × 40108)
529. (34970 × 10000)	542. (745 × 2001)
530. (63057 × 10000)	543. (294 × 10805)
531. (48750 × 100)	544. (5096 × 90909)
532. (543674 × 10)	545. (99 × 10)
533. (70768 × 10009)	546. (99 × 100)
534. (39167 × 107)	547. (99 × 1000)
535. (978 × 100000)	548. (999 × 10000)
536. (50796 × 4005)	549. (999 × 100000)
537. (41308 × 4000)	550. (999 × 1000000)

PRINCIPES. — 1º Dans la multiplication des nombres *décimaux*, multiplication qui se fait comme celle des nombres entiers, on sépare à la *droite* du produit *autant* de chiffres décimaux qu'il y en a dans les deux facteurs.

2º Pour multiplier un nombre *décimal* par 10, par 100, par 1000, par 10000, etc., il suffit d'avancer la virgule d'*autant* de rangs vers la *droite* qu'il y a de zéros après l'unité, c'est-à-dire d'un rang pour 10, de deux rangs pour 100, de trois rangs pour 1000, de quatre rangs pour 10000, et ainsi de suite.

L'Élève effectuera les multiplications suivantes en appliquant les deux principes qui précèdent.

551. (29,4 × 8,5)	562. (90,78 × 10000)
552. (430 × 8,9)	563. (0,05 × 0,075)
553. (546,5 × 47)	564. (0,75 × 0,089)
554. (900 × 4,06)	565. (0,051 × 100000)
555. (0,76 × 4,2)	566. (905 × 0,029)
556. (3,95 × 0,73)	567. (0,35 × 100000)
557. (53,6 × 10)	568. (5,2 × 10,76)
558. (47,6 × 9,07)	569. (9,7 × 100)
559. (4,015 × 100)	570. (10000 × 0,78)
560. (9078 × 1,08)	571. (100000 × 0,7)
561. (50,45 × 1000)	572. (96,5 × 10000)

573.	(20,45 × 1000)	580.	(0,5 × 0,001)
574.	(100 × 4,9)	581.	(0,08 × 0,06)
575.	(969 × 27,6)	582.	(0,5 × 0,09)
576.	(73,5 × 1000000)	583.	(2007 × 2,1)
577.	(93,6 × 4,018)	584.	(5170 × 9,17)
578.	(715 × 0,87)	585.	(9000 × 0,09)
579.	(45,04 × 1000)	586.	(8000 × 7000)

2° Problèmes.

OBSERVATION. — En général, quand on fait une multiplication, il est convenable de prendre pour multiplicateur le plus *petit* nombre : le produit ne change pas, et l'opération devient ainsi moins longue.

587. Jules gagne 3 fr. par jour ; combien recevra-t-il pour 8 jours ?

588. Quel est le prix de 9 hectolitres d'avoine, si l'hectolitre vaut 9 francs ?

589. Il y a dans une école 8 tables qui reçoivent chacune 9 élèves. Combien y a-t-il d'élèves dans cette école ?

590. Il y a 24 heures dans un jour : combien y a-t-il d'heures dans 4 jours ?

591. Combien y a-t-il d'heures : 1° dans 3 jours ? 2° dans 5 jours ?

592. Charles a 18 plumes ; il en achète pour 20 centimes à raison de 2 pour un centime. Combien en a-t-il maintenant ?

593. Une main de papier contient 25 feuilles. Combien possède de feuilles de papier celui qui en achète 6 mains ?

594. Jacques a 7 fr. Quelle somme aurait-il si 8 personnes lui donnaient chacune 10 fr. ?

595. Quel est le prix de 6 m. 50 de toile à raison de 2 fr. le mètre ?

596. Une fermière vend 8 pigeons à 1 fr. 30 la paire. Quelle somme reçoit-elle ?

597. Un ouvrier gagne 2 fr. par jour dans le mois de mars. Combien doit-il recevoir pour ce mois, s'il a travaillé tous les jours ?

598. Je donne deux pièces de 20 fr. pour payer 6 mètres de mérinos à 5 fr. le mètre : que doit-on me rendre ?

599. Quel est le nombre qui est 10 fois plus grand que 49 ?

600. On demande le prix de 9 mètres de drap à 15 fr. le mètre.

601. On donne à un soldat 1 fr. 15 par jour pour sa nourriture. Quelle somme recevra-t-il : 1° pour le mois de janvier ? 2° pour le mois de février ? 3° pour le mois d'avril ? (L'année est bissextile.)

602. Combien y a-t-il de minutes : 1° dans 2 heures ? 2° dans 5 heures ? 3° dans un jour entier ?

603. Combien y a-t-il de lettres dans un livre de 423 pages dont chacune renferme 1245 lettres ?

604. On veut additionner 289 nombres égaux à 627. Quelle sera la somme ?

605. Quel est le produit de 0,6 par 0,097 ?

606. Le poids d'un litre d'huile est de 0 kilog. 93. Combien pèsent 75 centilitres de cette huile ?

607. Quel est le prix d'un pain de sucre pesant 5 kilos 95 à 1 fr. 70 le kilo ?

608. Un franc en argent pèse 5 grammes. Quel est le poids total d'un sac qui contient 740 fr. en argent ? Le sac vide pèse 55 grammes.

609. Une pièce de dix centimes (2 sous) pèse 10 grammes. Quel est le poids de 3 fr. en monnaie de bronze ?

610. Un ouvrier gagne 3 fr. 25 par jour. Quelle somme donnera-t-on à 16 ouvriers qui ont travaillé une semaine, le dimanche excepté ?

611. Il y a 60 minutes dans une heure et 60 secondes dans une minute. Combien y a-t-il de secondes dans 9 heures ?

612. On propose d'évaluer en heures l'année civile composée de 365 jours.

613. Évaluez en secondes l'année solaire composée de 365 jours 5 heures 48 minutes 51 secondes.

614. Le soleil est 1405000 fois plus gros que la terre, et celle-ci 49 fois plus grosse que la lune. Combien de fois le soleil est-il plus gros que la lune ?

615. Le jour se compose de 24 heures, l'heure de 60 minutes,

la minute de 60 secondes. Combien y a-t-il de secondes dans 27 jours 17 heures 35 minutes ?

616. L'Europe produit, en moyenne, chaque année 1745 kilogrammes d'or. Quelle est, en francs, la valeur de ce métal, s'il vaut 3437 fr. le kilogramme ?

617. Une armée se compose de 17 escadrons, de 375 hommes chacun, et de 79 bataillons de 670 hommes. Quel est l'effectif de cette armée ?

618. Un libraire a fait un envoi de 24 volumes à 3 fr. 35 pièce, 19 volumes à 1 fr. 75, et 56 volumes à 0 fr. 85. Quel est le montant de sa facture ?

619. Un ouvrier dépense chaque semaine 1 fr. 25 pour tabac et 2 fr. 30 au cabaret. Que dépense-t-il inutilement par an ? On sait qu'il y a 52 semaines dans une année.

620. Il y a dans une voiture 25 sacs de blé contenant chacun 1 hectolitre et demi. Quelle est la charge de cette voiture, si l'hectolitre pèse 76 kilos 5 ?

621. Un soldat coûte en moyenne à l'État 790 fr. par an. Quelle est, d'après cela, la dépense annuelle occasionnée par notre armée, en admettant que 500000 hommes soient constamment sous les armes ?

622. Après avoir dépensé la moitié de mon argent, il me reste 29 fr. 35. Combien avais-je d'abord ?

623. J'ai dépensé 345 fr. 25 qui représentent le quart de ce que j'avais. Combien avais-je avant de rien dépenser ?

624. Une personne, qui s'éclaire au moyen d'une lampe, brûle pour 0 fr. 045 d'huile par heure. Quelle est sa dépense annuelle, si elle allume sa lampe en moyenne 2 heures et demie par jour ?

625. J'ai acheté 127 mètres de toile à 2 fr. 35 le mètre, et 96 mètres de percale à 0 fr. 95. Combien ai-je dépensé en tout ?

626. Une maison a 14 croisées ayant chacune 8 carreaux. Que devra-t-on payer au vitrier qui a posé ces carreaux à raison de 0 fr. 80 pièce ?

627. Rendez le nombre 8,067 cent fois plus grand ; rendez-le ensuite dix mille fois plus grand.

628. Quel est le nombre qui est dix fois plus grand que 3,045 ? quel est le nombre qui est mille fois plus grand ?

L'Élève complétera le tableau suivant :

Rendement des principales cultures (récoltes moyennes).

629.

CULTURES.	PAR ARE.			PAR 100 ARES.		
	Litres de grain.	Kilos de grain.	Kilos de paille.	Litres de grain.	Kilos de grains.	Kilos de paille.
Blé.	24	18	39			
Seigle..	21	15,5	34,5			
Orge.	28	17,7	27			
Avoine.	50	22,5	40,4			

630. Une voiture publique fait deux voyages par jour et transporte chaque fois 12 personnes. Quelle somme recevra le conducteur si chaque personne paie 1 fr. 75 ?

631. Un oncle donne, à l'occasion du jour de l'an, à chacun de ses neveux 5 fr. 25 et à chacune de ses nièces 4 fr. 75. Combien cet oncle a-t-il donné en tout, sachant qu'il a 4 neveux et 7 nièces ?

632. Un libraire achète 136 volumes dont 33 au prix de 5 fr. 40 l'un, 54 au prix de 3 fr. 75, et le reste au prix de 2 fr. 80. Dire à combien s'élève la dépense du libraire.

633. Un tailleur a fait, dans une année, 142 habits à chacun desquels il a mis 14 boutons; un autre tailleur a fait, dans le même temps, deux fois autant d'habits à chacun desquels il a mis 7 boutons. Faire connaître le nombre total des boutons employés par les deux tailleurs.

634. Un fermier mène au marché 3 bœufs, 4 vaches et 27 moutons; il vend les bœufs 316 fr. 50 pièce; les vaches 212 fr. et les moutons 23 fr. 75. Quelle somme a-t-il retirée de cette vente?

635. Un entrepreneur a occupé, pendant 29 jours, 47 ouvriers à 3 fr. 75 par jour. Sachant qu'il a payé 48 fr. pour la nourri-

ture de chacun d'eux, on demande ce qui revient à chaque ouvrier.

636. On me présente une facture contenant : 1° 49 mètres 45 de drap à 12 fr. 50 le mètre; 2° 18 m. 65 de doublure à 0 fr. 80; 3° 24 m. 45 de soie à 6 fr. 25; 4° 65 m. 25 de calicot à 1 fr. 75. Je donne en paiement un billet de banque de 1000 fr. : que doit-on me rendre?

637. On envoie un enfant avec une pièce de 5 fr. chercher 925 grammes de sucre à 1 fr. 40 le kilo ; 2 kilos de sel à 0 fr. 20; 1 kilog. 5 de chandelle à 1 fr. 50, et 125 grammes de café à 3 fr. 20. Quelle somme l'enfant doit-il rapporter?

638. Un batteur bat par jour en moyenne 65 gerbes de blé donnant 3 litres de grain chacune. Quelle quantité de gerbes 9 batteurs battront-ils en 8 jours? et quelle sera la valeur du grain battu par eux si l'hectolitre vaut 21 fr. 75 ?

639. Un cheval consomme par jour une botte de foin de 7 kilos 5 et 9 litres d'avoine. Quelle sera la dépense annuelle de ce cheval, si la botte de foin coûte 0 fr. 55 et le litre d'avoine 0 fr. 115 ?

640. Un mouton donne en moyenne 3 kilos 4 de laine par an. D'après cela, combien un troupeau de 175 moutons donnera-t-il de laine en 3 ans? et quelle sera la valeur de cette laine, en supposant que le kilo se vende 2 fr. 85?

641. Le vent ordinaire parcourt 65 mètres environ par seconde; le vent des plus grands orages a une vitesse qui peut aller jusqu'à être 40 fois plus considérable : quelle est, par seconde, la vitesse des orages violents ?

642. Le son parcourt environ 340 mètres par seconde. On demande, d'après cela, à quelle distance se trouve d'un orage une personne qui entend le bruit du tonnerre 12 secondes après avoir vu l'éclair. La vitesse de la lumière est considérée comme instantanée.

643. Un kilogramme de chocolat, première qualité, vaut autant que 1 kilo 32 de seconde qualité. Combien aurait-on de chocolat de seconde qualité pour 59 kilos de première ?

644. Un domestique a laissé entre les mains de son maître ses appointements de 15 ans, moins 1750 fr. On veut savoir à

combien s'élèvent ses économies, sachant qu'il gagnait 340 fr. par an.

645. Un marchand a acheté 47 mètres de drap à 13 fr. 20 le mètre, qu'il a revendu 18 fr. 7, et 96 mètres de mérinos à 4 fr. 50, qu'il a revendu 5 fr. 15. Quel a été son gain total ?

646. Chaque individu en France consomme, en moyenne, 220 litres de blé et 23 kilos 5 de viande par an. D'après cela, quelle est, en blé et en viande, la consommation annuelle 1° de la France, qui compte 38067094 habitants ? 2° de Paris, qui en compte 1825274 ? 3° du département de l'Aube, qui en compte 262785 ?

647. La récolte annuelle en vin en France est d'environ 37000000 d'hectolitres estimés, en moyenne, 15 fr. 50 l'un, et la récolte en pommes de terre, de 90000000 d'hectolitres estimés 4 fr. 50. On demande la valeur totale du vin et des pommes de terre récoltés en France dans une année.

648. La mère Catherine porte au marché 18 douzaines d'œufs, 4 paires de poulets, 15 fromages et 7 kilos de beurre. Elle vend ses œufs 0 fr. 75 la douzaine ; ses poulets 1 fr. 45 la pièce ; ses fromages 0 fr. 65, et son beurre 0 fr. 25 le demi-kilo. Quelle somme rapportera-t-elle, si elle paie 20 kilos 5 de pain à 0 fr. 35 et 6 litres 85 d'huile à 0 fr. 80 ?

649. Une fermière a 6 vaches laitières qui donnent en moyenne 1270 litres de lait par an chacune. Combien pourra-t-elle faire de beurre avec le lait de ses vaches, sachant qu'un litre donne 0 kilo 032 de beurre ? et quelle somme retirera-t-elle de la vente de ce beurre, si elle le vend 1 fr. 05 le demi-kilogramme ?

650. Une fabrique emploie 7 hommes, 15 femmes et 6 enfants qui gagnent, savoir : les hommes 4 fr. 25 chacun par jour ; les femmes 2 fr. 35, et les enfants 1 fr. 55. Quelle somme le propriétaire de la fabrique paie-t-il par semaine de 6 jours ?

651. Un hectare de lin donne, en moyenne, 573 kilos de filasse à 2 fr. 15 le kilo, et 11 hectol. 5 de graine à 2 fr. 65 le décalitre. Quelle somme retirera-t-on de la culture de 9 hectares 8 de lin ?

652. Antoine a acheté 65 kilos de café pour 208 fr.; il l'a revendu 3 fr. 15 le kilo; combien a-t-il gagné ou perdu?

653. Un ouvrier, qui gagne 1050 fr. par an, dépense 60 fr. 90 par mois. Combien met-il de côté en 5 ans?

654. Un ouvrier, qui fait 3 m. 25 d'un certain ouvrage par jour, à raison de 1 fr. 05 le mètre, se repose 5 jours par mois. Quelle somme économisera-t-il par an, s'il dépense 2 fr. 85 par jour?

655. Un terrassier gagne 2 fr. 65 par jour et dépense 1 fr. 95. Combien économisera-t-il dans une année, s'il se repose les dimanches?

656. Un marchand, qui avait acheté 64 m. 25 de drap à 14 fr. 70 le mètre, en a vendu une première fois 23 m. 40 à 16 fr. 60; une seconde fois 31 mètres à 13 fr. 05. Combien a-t-il gagné ou perdu, s'il a livré le reste au prix de 17 fr. 35 le mètre?

657. Une coquetière, qui a acheté, à raison de 0 fr. 70 la douzaine, trois paniers d'œufs contenant chacun 26 douzaines, a cassé 27 œufs dans le transport. Combien a-t-elle gagné ou perdu, sachant qu'elle a vendu ceux qui lui restent 6 centimes pièce?

658. Trois bataillons, de 650 hommes chacun, doivent être habillés à neuf. Quelle sera la dépense, s'il faut pour chaque homme 4 m. 75 d'un drap qui coûte 7 fr. 65 le mètre?

659. Combien coûtent 108 sacs de froment vendus à raison 4 fr. 95 le double décalitre, sachant que chaque sac contient 7 doubles décalitres et demi?

660. Il faut, pour faire un habit, 1 m. 85 de drap et 1 m. 45 de doublure. On demande le prix de cet habit, sachant que le drap coûte 16 fr. 55 le mètre et la doublure 0 fr. 85. On sait de plus que le tailleur prend 14 fr. de façon, non compris les fournitures qui se montent à 4 fr. 80.

661. Un jardinier a pris chez un grainetier 160 grammes de graine de laitue à 0 fr. 02 le gramme; 15 litres 20 de haricots à 0 fr. 60 le litre; 34 litres de pommes de terre à 0 fr. 07 le litre; 125 grammes de graine de betterave à 0 fr. 01 le gramme, et 140 grammes de graine de radis à 0 fr. 02 le gramme. On

demande à combien s'élève la dépense du jardinier et ce qu'il reçoit, s'il donne un à-compte de 10 fr.

662. Un cultivateur a fumé un champ de 3 hectares 28 avec un engrais-poisson coûtant sur place 23 fr. 25 le quintal (100 kilos); les frais de transport reviennent à 0 fr. 055 par quintal et par kilomètre. Combien coûte cette fumure, sachant qu'il faut 4 quintaux 3 par hectare? On sait que l'engrais a été acheté à une distance de 153 kilom. 8.

663. Dans une usine, qui marche jour et nuit, on obtient par heure 31 kilos 8 d'étain. Quelle sera la valeur de l'étain obtenu dans une année, sachant que le minerai qui produit 1 kilo d'étain coûte 0 fr. 855? On sait d'ailleurs que les frais de transport et de fabrication s'élèvent à 2 fr. 185 par kilo.

664. Un tanneur achète 137 peaux fraîches de mouton à raison de 4 fr. 85 la pièce. Les frais de tannage s'élèvent à 60 p. 0/0 du prix d'achat. On demande de déterminer le gain ou la perte du tanneur, sachant qu'il a revendu les peaux tannées 8 fr. 45 pièce [1].

665. Un coquetier a besoin de 680 douzaines d'œufs. Il en achète 143 douzaines à 0 fr. 75 c. la douzaine; 257 douzaines à 0 fr. 80, et le reste à 0 fr. 85. Quel eût été son avantage, s'il eût payé le tout 0 fr. 79 la douzaine?

666. Un cuisinier veut faire une provision de beurre. Il en trouve 67 morceaux de un demi-kilo chacun à 0 fr. 95 le morceau. Comme il craint que les morceaux n'aient pas le poids annoncé, il offre de payer le beurre 1 fr. 95 le kilo si on veut le peser en bloc. Cette condition est acceptée et l'on trouve 35 kilos 7. Le cuisinier a-t-il eu avantage à suivre son idée?

667. Un papetier achète 135 rames de papier à 6 fr. 70 la rame. Il en revend 45 rames à raison de 0 fr. 45 la main; 21 rames à 6 fr. 75 la rame, et le reste à raison de 0 fr. 0155 la feuille. Quel est le bénéfice *net* du papetier, s'il a payé 3 fr. 75 de transport? On sait que la rame contient 20 mains et la main 25 feuilles.

---

1. L'expression 60 p. 0/0 (prononcez 60 pour cent) signifie que, pour chaque centaine de francs dépensés, les frais de tannage sont de 60 francs.

668. Une armée se compose de trois divisions comptant : la 1re 4, la 2e 5 et la 3e 6 régiments. Chaque régiment compte 3 bataillons ; chaque bataillon, 6 compagnies, et chaque compagnie, 120 hommes. On demande de combien de soldats se compose : 1° un bataillon ; 2° un régiment ; 3 l'armée entière.

669. Un ouvrier dépense par semaine 1 fr. 65 en tabac et 3 fr. 80 au cabaret. A la fin de l'année, il lui manque 90 fr. pour payer son loyer. S'il n'avait rien dépensé inutilement, il aurait pu payer son loyer et acheter en outre 5 hectolitres de blé, à 22 fr. 75 l'hectolitre, et 2 mètres de drap, à 10 fr. 325. Quel était le prix du loyer ?

Modèles de factures.

L'élève complétera les deux factures suivantes :

1° Doit M. Bloch d'Auxerre à M. Roy de Paris.

670.

7 mars 1870.

		fr.	c.	fr.	c.
17^m5	Moire à.	13	75		
4	Pièces taffetas à.	245	»		
39^m40	Velours uni à.	9	50		
9	Pièces soie noire à.	382	50		
141^m80	Satin couleur à.	11	20		
7	Douzaines gilets flanelle à (la pièce).	5	80		
	TOTAL.				

2o Doit M. Louis Richard de Dijon à M. Joly d'Auxerre.

671.

16 avril 1871.

		fr.	c	fr.	c.
125	Grammes soie filée à (le kilo). . . .	87	»		
7	Douzaines galoches à (la douzaine).	27	»		
6000	Épingles à (le mille).	»	35		
5	Douzaines fichus pour fillette à (la douz.)	8	50		
40	Mètres galon à.	»	08		
15	Grosses plumes métalliques à. . . .	»	85		
15	Pelotes ficelle , 1re qualité , à. . . .	1	20		
	Total.				

672. Un horticulteur a récolté dans un verger 47 kilos de prunes, 25 kilos d'abricots, 137 kilos de poires, 153 kilos de pommes, 205 kilos de raisin, 95 kilos de cerises et 25 kilos de groseilles. Il a vendu ces divers produits, savoir : les prunes 0 fr. 60 le kilo ; les abricots 0 fr. 725 ; les poires 0 fr. 55 ; les pommes 0 fr. 35 ; le raisin 0 fr. 45; les cerises 0 fr. 30 et les groseilles 0 fr. 80. On désire savoir si ce verger a produit la somme nécessaire pour payer 21 mètres d'étoffe à 15 fr. le mètre.

673. La production totale du charbon de terre ou houille en France peut être évaluée annuellement à 45793420 quintaux. Sur cette quantité, le bassin de la Loire fournit les 0,343 ; le bassin de Valenciennes, les 0,237 ; celui du Creuzot, les 0,074 ; celui d'Aubin, les 0,069, et les 58 autres petits bassins houillers, les 0,277. On demande : 1o le poids de la houille fournie par chaque bassin; 2o la valeur totale de la production annuelle, la houille valant sur place 1 fr. 15 le quintal, en moyenne.

IV. — EXERCICES ET PROBLÈMES SUR LA DIVISION DES NOMBRES ENTIERS ET DÉCIMAUX.

1° Exercices.

PRINCIPE. — Pour diviser un nombre *entier* par 10, par 100, par 1000, par 10000, par 100000, etc., il suffit de séparer par une virgule, à la *droite* du nombre, *autant* de chiffres qu'il y a de zéros après l'unité, c'est-à-dire un pour 10, deux pour 100, trois pour 1000, quatre pour 10000, cinq pour 100000, et ainsi de suite.

L'Élève effectuera les divisions suivantes en appliquant le principe qui précède [1].

674.	(25 : 5)	688.	(1914 : 3)
675.	(32 : 4)	689.	(495 : 5)
676.	(35 : 7)	690.	(7119 : 9)
677.	(24 : 6)	691.	(458 : 2)
678.	(40 : 5)	692.	(6714 : 9)
679.	(36 : 4)	693.	(8239 : 11)
680.	(45 : 9)	694.	(5615 : 5)
681.	(18 : 2)	695.	(7637 : 10)
682.	(48 : 6)	696.	(4675 : 29)
683.	(81 : 9)	697.	(19992 : 28)
684.	(63 : 7)	698.	(90186 : 57)
685.	(72 : 8)	699.	(47654 : 100)
686.	(108 : 12)	700.	(75375 : 100)
687.	(614 : 2)	701.	(159936 : 8)

1. Les divisions à effectuer sont entre parenthèses. — Les deux points qui séparent le dividende du diviseur signifient *divisé par*. — On peut supprimer à la *droite* du dividende et du diviseur un *même nombre* de zéros sans changer le quotient.

702. (889812 : 108)
703. (75366 : 18)
704. (1000000 : 100)
705. (94675 : 38)
706. (367535 : 96)
707. (967534 : 1000)
708. (302022 : 918)
709. (3204539 : 10000)
710. (6918725 : 7645)
711. (96753 : 10000)
712. (576354 : 395)
713. (547 : 1000)
714. (68 : 1000)

715. (104 : 10000)
716. (8 : 10)
717. (1073925 : 111)
718. (29475 : 9465)
719. (2175360 : 7040)
720. (5181400 : 700)
721. (210335 : 295)
722. (159152 : 196)
723. (91761075 : 45675)
724. (347566 : 1000000)
725. (17248000 : 5600)
726. (2943000 : 1000)
727. (214500 : 100)

PRINCIPES. — 1° Pour diviser un nombre *décimal* par 10, par 100, par 1000, par 10000, etc., il suffit de reculer la virgule d'*autant* de rangs vers la *gauche* qu'il y a de zéros après l'unité, c'est-à-dire d'un rang pour 10, de deux rangs pour 100, de trois rangs pour 1000, de quatre rangs pour 10000, et ainsi de suite.

2° Une division de nombres décimaux peut toujours être ramenée à une division de nombres entiers : il suffit, pour cela, d'écrire à la *droite* du nombre qui a le moins de chiffres décimaux autant de *zéros* qu'il est nécessaire pour que le dividende et le diviseur aient la même quantité de chiffres décimaux. On supprime ensuite les virgules, puis on opère comme si les nombres étaient entiers. Le quotient ne change pas.

L'Élève fera les divisions suivantes en appliquant les deux principes qui précèdent.

728. (23,04 : 2,4)
729. (18,347 : 9)
730. (1513,8 : 126,483)
731. (13 : 0,65)
732. (9742,08 : 4,8)
733. (0,0603 : 0,67)
734. (27642,686 : 457)
735. (9,4326 : 4624)

736. (96,4 : 1000)
737. (295,365 : 97)
738. (0,001652 : 0,28)
739. (69,234 : 14,2)
740. (19,467 : 10)
741. (9465,4 : 100)
742. (0,57 : 1000)
743. (95 : 10000)

744. (2646,25 : 365)	757. (0,06 : 100)
745. (38 : 100)	758. (9176,1075 : 2,009)
746. (3,003 : 8,25)	759. (69,020 : 3625)
747. (176,45 : 10000)	760. (816,51 : 17)
748. (37,44672 : 0,96)	761. (73,745 : 21,07)
749. (3744,672 : 9,6)	762. (19,6 : 1000)
750. (150000 : 3000)	763. 1027,107 : 9,81)
751. (967,4 : 100000)	764. (49,6 : 100)
752. (130,6875 : 30,75)	765. (9,411 : 1095)
753. (0,05625 : 0,125)	766. (76,4 : 10)
754. (7 : 0,0056)	767. (0,07 : 0,006)
755. (29536,5 : 3,045)	768. (0,9 : 0,104)
756. (198720 : 55,2)	769. (907 : 10000)

2ᵉ Problèmes.

770. Partager 56 pommes entre 7 enfants.

771. On a partagé 42 fr. entre 6 pauvres : combien chaque pauvre a-t-il reçu ?

772. Charles a gagné 24 fr. dans une semaine de 6 jours : que gagnait-il par jour ?

773. Une douzaine de lapins a été vendue 18 fr. : quel est le prix du lapin ?

774. Par quel nombre faut-il multiplier 4 pour avoir 36 ?

775. Un mètre d'étoffe coûte 6 fr.; combien aura-t-on de mètres pour 54 fr. ?

776. Une personne a payé un stère de bois 8 fr. 40 : quel est le prix du décistère ?

777. On achète 9 livres pour 4 fr. 50 : quel est le prix du livre ?

778. Les remparts de Paris ont 34 kilomètres et demi de longueur. Combien cela fait-il de lieues, s'il faut 4 kilomètres pour faire une lieue ?

779. A raison de 4 fr. 50 le kilo de café, quel est le prix 1° de l'hectogramme de café ? 2° du décagramme ?

780. Louis gagne 2 fr. 50 par jour et reçoit 60 fr. pour le

mois de juin. De combien s'en faut-il qu'il n'ait travaillé tous les jours du mois?

781. Quelle est la 7e partie de 49? la 8e partie de 64? la 9e partie de 72?

782. Si l'on rendait le nombre 833 dix fois plus petit, que trouverait-on?

783. Rendez le nombre 2496 mille fois plus petit.

784. Quelle est la millième partie de 845?

L'Élève achèvera les deux tableaux suivants :

1° *Rendement moyen des principales plantes-racines.*

785.

NATURE DES PLANTES.	PAR 100 ARES.	PAR ARE.
Pomme de terre.	27,000 kilos.	
Betterave..	34,000 —	
Carotte.	36,000 —	
Navet..	17,000 —	

2° *Rendement moyen des principales céréales.*

786.

NATURE DES CÉRÉALES.	PAR 100 ARES.			PAR ARE.		
	Litres de grain.	Kilos de grain.	Kilos de paille.	Litres de grain.	Kilos de grain.	Kilos de paille.
Blé.	2400	1800	3900			
Seigle.	2100	1550	3450			
Orge.	2800	1770	2700			
Avoine.	5000	2250	4040			

787. Partagez 247 cerises entre 13 enfants.

788. Quelle est la 67e partie de 1876?

789. Quel est le nombre qui est 9 fois plus petit que 99?

790. On demande un nombre qui soit 23 fois plus petit que 322.

791. Combien 240 minutes font-elles d'heures? et combien 360 secondes font-elles de minutes?

792. Il faut 21 rouleaux de papier pour tapisser une chambre. On demande ce qu'il faudrait de rouleaux, si le papier était 3 fois plus large.

793. Combien de fois 27 est-il contenu dans 1215?

794. Combien de fois 9,07 est-il contenu dans 8505,846?

795. Dans un million de francs, combien y a-t-il de mille francs? de centaines de francs? de dizaines de francs?

796. Une tonne vaut 1000 kilos et un quintal 100 kilos. Quelle est, en tonnes et en quintaux, la charge d'un navire qui porte 885000 kilos?

797. 800 grammes d'eau de mer contiennent environ 52 grammes de sel. Dans quel poids d'eau trouvera-t-on 3 kilos 50 grammes de sel?

798. Un fil de fer de 17 m. 94 de longueur doit être employé à faire des pointes de 0 m. 0325. Combien en fournira-t-il de douzaines?

799. Quel est le nombre qui, multiplié par 217, donne 4123?

800. Le nombre 72841 est le produit de deux nombres dont l'un est 23 : quel est l'autre?

801. Par quel nombre faut-il multiplier 39,6 pour avoir 201,168?

802. Combien de fois pourrait-on retrancher 72 de 7488?

803. Combien de fois pourrait-on retrancher 0,24 de 12,48?

804. Quel est le nombre dont les 13 dixièmes font 11,57?

805. Quelle est la 27e partie de 755109?

806. Une somme de 396 fr. a été partagée entre un certain nombre de pauvres dont chacun a reçu 3 fr. Combien y avait-il de pauvres?

807. On a payé 18792 fr. pour 324 caisses de savon : quel est le prix de chaque caisse?

808. Un cultivateur a vendu un troupeau de moutons 6528

fr. De combien de bêtes se composait le troupeau, s'il les a vendues en moyenne 25 fr. 50 la tête?

809. En 1869, le montant des impôts indirects s'est élevé en France à 662453547 fr. Quelle a été cette année-là, en moyenne, la part contributive de chaque Français dans le produit des contributions indirectes ? La France compte 38067094 habitants.

810. Une femme achète 6 douzaines de mouchoirs pour 68 fr. 40. Quel est le prix du mouchoir ?

811. La distance de la terre au soleil est de 153624000 kilomètres ; la lumière de cet astre nous arrive en 8 minutes : quel est, par minute, la vitesse de la lumière ?

812. On a payé 75 fr. 40 à un certain nombre d'ouvriers dont chacun gagne 2 fr. 60 ; combien y avait-il d'ouvriers ?

813. Partagez 634 fr. 95 entre 9 personnes.

814. 37 mètres 45 de drap ont coûté 412 fr. 90. On demande le prix du mètre ?

815. On a payé 2414 fr. 65 pour 2647 kilos de marchandise : à combien revient le kilo ?

816. Un ménage a payé 55 fr. 76 pour 68 décistères de bois à brûler : quel était le prix du stère ?

817. A raison de 1 fr. 45 la grosse de plumes (12 douzaines), quel est le prix du cent?

818. Un ouvrier a reçu, pour un ouvrage qu'il a fait en 6 jours, en travaillant 10 heures par jour, une somme de 36 fr. : que gagnait-il par heure?

819. Un ouvrier, qui gagne 337 fr. 50 en 90 jours, recevrait combien pour 129 journées de travail?

820. Un ouvrier, qui gagne 3 fr. 60 par jour, a reçu 1062 fr. pour une année. Combien de jours est-il resté inoccupé dans l'année ?

821. Un maçon a gagné 100 fr. 75 dans le mois de mai ; combien a-t-il dépensé par jour, s'il a économisé 31 fr. ?

822. Un homme dépense 1835 fr. par an. Que dépense-t-il par jour et par mois ?

823. Un employé, qui gagne 1168 fr. par an, met de côté 547 fr. 50 : que dépense-t-il par jour et par semaine?

824. Les dépenses de l'État ont été, en 1861, de 2170988607

fr. Quelles ont été, cette année-là, les dépenses moyennes de l'État : 1° par jour? 2° par mois? 3° par trimestre?

825. Un rentier a 3585 fr. de revenu annuel. Combien dépense-t-il par jour, s'il met de côté 1500 fr. par an?

826. Deux personnes ont ensemble 58 ans; l'âge de l'une est double de celui de l'autre : quel est l'âge de chacune?

827. Partagez 88 fr. 35 entre 2 personnes, de façon que l'une ait le double de l'autre.

828. Partagez 25 fr. entre deux personnes, de telle sorte que l'une ait le triple de l'autre.

829. Partagez 19 fr. 25 entre deux pauvres, de manière que l'un ait 1 fr. 25 de plus que l'autre.

830. Un maître donne, pour 12 journées de travail, 93 fr. 60 à deux ouvriers dont l'un gagne le double de l'autre. On demande : 1° ce que chaque ouvrier a reçu; 2° ce qu'il gagne par jour.

831. En multipliant par 3,5 le résultat d'une soustraction, on trouve 2821. Quel est le plus grand nombre de cette soustraction, si le plus petit est 539 ?

832. Combien y a-t-il 1° de minutes; 2° d'heures dans 548342 secondes ?

833. Combien y a-t-il de jours dans 1987200 secondes ?

834. Combien y a-t-il de semaines dans 8463 jours? et combien de jours dans 6576 heures ?

835. On a payé 4305 fr. pour 105 douzaines de cravates qu'on a revendues 210 fr. de plus qu'elles n'ont coûté : qu'a-t-on gagné par douzaine ?

836. Un charpentier, qui avait acheté 7 stères 80 de bois au prix de 4 fr. 25 le décistère, a revendu le tout 429 fr. : qu'a-t-il gagné par décistère?

837. André gagne 2 fr. 25 par jour et dépense 7 fr. 35 par semaine. Combien faudra-t-il qu'il travaille de jours pour pouvoir acquitter une dette de 28 fr. 56 ?

838. Un particulier, qui a 5000 fr. de revenu annuel, doit une somme de 18600 fr. qu'il est convenu d'acquitter en huit paiements égaux d'année en année. Que peut-il dépenser par jour, s'il remplit ses engagements?

839. Un épicier vend 20 centimes 125 grammes de sucre.

Combien gagne-t-il à ce prix par kilo, si le sucre lui coûte 120 fr. les 100 kilos?

840. Un cultivateur a 218 moutons qu'il veut vendre 4360 fr. il en vend d'abord 96 à raison de 23 fr. la tête : que doit-il vendre chacun de ceux qui lui restent?

841. Un fermier a acheté 7 moutons à 21 fr. 25 pièce ; 6 chèvres à 13 fr., et 25 poules à 2 fr. 05. Il revend les moutons 24 fr. la tête ; les chèvres 9 fr. 75 : que doit-il revendre la poule pour rentrer dans ses fonds ?

842. Une somme de 3621 fr. 25 doit être partagée entre 595 pauvres. 109 d'entre eux ont chacun 6 fr. 25, et 365, chacun 5 fr. 90. Quelle sera la part de chacun des autres ?

843. Un papetier, qui a acheté 8145 cahiers à 5 fr. 25 le cent, les a revendus au prix de 0 fr. 84 la douzaine. Combien a-t-il gagné ou perdu ?

844. Un marchand de faïence fait venir 516 vases qui lui coûtent 206 fr. 40 le cent. Combien doit-il revendre la douzaine pour gagner 52 fr. 56 sur le tout, en supposant qu'il ait cassé 18 vases dans le transport ?

845. Un colporteur, qui a acheté 103545 plumes, dont le tiers à 12 fr. 75 le mille, la moitié à 0 fr. 80 le cent, et le reste à 0 fr. 095 la douzaine, se propose de les revendre 0 fr. 015 pièce. Quel sera son bénéfice ? On sait que 333 de ces plumes ne valaient rien et n'ont pu être vendues.

846. Un négociant fait venir 12650 bouteilles au prix de 16 fr. le cent. Il se propose de les revendre avec gain total de 253 fr. Quel sera le prix de vente du cent si, outre le prix d'achat, il a payé 126 fr. 50 de frais de transport et de commission ?

847. Un marchand achète 35 m. 45 de soie pour 215 fr. 94. Que doit-il revendre le mètre pour gagner 15 p. 0/0 ? [1]

848. Un marchand forain achète des aiguilles au prix de 5 fr. le mille. Combien doit-il en donner pour 5 centimes s'il veut gagner 150 p. 0/0 ?

849. On mélange 96 litres de vin à 0 fr. 50 le litre avec 123

---

1. Les expressions 15 p. 0/0, 4 p. 0/0, 20 p. 0/0, etc. (prononcez 15 pour cent, 4 pour cent, 20 pour cent), signifient que sur chaque centaine de francs dépensés, on gagne ou 15 fr., ou 4 fr., ou 20 fr. Nous pensons que cette explication suffira.

4.

litres à 0 fr. 60. Que devra-t-on revendre le litre du mélange pour gagner 20 fr. 55 sur le tout ?

850. Un marchand de vin en achète une pièce de 272 litres pour 76 fr. 16 ; il paie en outre 2 fr. 72 pour le transport et 8 fr. 16 pour droits d'entrée. Combien doit-il revendre le litre de vin pour gagner 8 fr. 16 sur son marché ?

851. Un vigneron a 5 feuillettes de vin, estimé 0 fr. 30 le litre, et 7 feuillettes d'un autre vin, estimé 0 fr. 40. Après avoir mélangé ces deux qualités, il vend le mélange avec gain total de 81 fr. 60. Combien a-t-il vendu le litre du mélange ? (On sait que la feuillette contient 136 litres.)

852. Un champ a rapporté 539 décalitres de blé qui représentent 11 fois la semence. Combien a-t-on semé de décalitres de blé et quel est le produit du champ, semence déduite, si la récolte a été vendue 23 fr. 70 l'hectolitre ?

853. Un tailleur a tiré 25 pantalons de 1 m. 15 chacun d'une pièce de drap coûtant 373 fr. 75 ; il a vendu chaque pantalon 19 fr. 95. Combien est estimée la façon d'un pantalon, s'il faut pour 1 fr. 45 de fournitures diverses par pantalon ?

854. Un agriculteur conduit au marché 39 hectolitres de blé. Ce blé vendu, il achète une charrue de 75 fr. et paie une dette de 117 fr. Qu'a-t-il vendu l'hectolitre de blé, sachant qu'il rapporte chez lui 650 fr. 40 ?

855. La distance de Paris à Marseille est franchie en 13 heures et demie par un train express qui fait 64 kilomètres à l'heure. Quelle est cette distance et combien un train, qui ferait 48 kilomètres à l'heure, mettrait-il de temps à la parcourir ?

856. Un bûcheron, qui a de l'ordre, a calculé qu'il a fait, dans une année, 130 journées à 1 fr. 55 ; 143 journées à 2 fr. 45, et 27 à 3 fr. 25. Combien a-t-il gagné dans son année ? et combien, en moyenne, par jour ?

857. Une modiste gagne 5 fr. 90 par jour et dépense 3 fr. 20. Dans combien de semaines aura-t-elle économisé la somme suffisante pour payer son loyer, qui est de 234 fr.? (Elle ne travaille pas le dimanche.)

858. Un ouvrier charpentier a travaillé tous les jours, les dimanches exceptés, depuis le lundi 24 janvier jusqu'au samedi 19 février inclusivement. Il a reçu pour ce travail 81 fr. 65.

Que gagnait-il par jour? et à combien s'élèvent, pour ce temps, ses économies, s'il dépense 2 fr. 25 par jour?

859. Un domestique, qui gagne 420 fr. par an, quitte son maître au bout de 8 mois. Trouver ce qu'on lui redoit, sachant qu'il a déjà reçu 156 fr.

860. Un kilogramme d'acier, coûtant 1 fr. 80, peut produire environ 160 mille petits ressorts de montre valant 15 fr. lorsqu'ils sont faits par un bon ouvrier. Quelle est, d'après cela, la valeur d'un kilo d'acier converti en ressorts? et combien de fois cette valeur est-elle plus grande que celle d'un kilogramme d'acier?

861. Un fermier, qui achète à un vigneron 5 feuillettes de vin, de 136 litres chacune, à raison de 27 fr. 25 l'hectolitre, donne en paiement 8 hectol. 5 de blé. On demande le prix du décalitre de ce blé.

862. Une commune, qui payait 19450 fr. de contributions directes, est obligée de s'imposer extraordinairement de 5 centimes et demi par franc. On demande quel sera le produit de l'imposition, et à combien s'élèveront les contributions d'un individu qui payait 49 fr. 50 avant l'augmentation.

863. Cinq enfants ont mis en commun les billes qu'ils avaient pour se les partager ensuite également. Le 1er en avait 7, le 2e 9, le 3e 12, le 4e 8 et le 5e 24. A cet arrangement, combien gagne de billes celui qui en avait le moins et combien perd celui qui en avait le plus?

864. Un marchand de comestibles achète pour 60 fr. une caque de harengs pesant *net* [1] 70 kilos. Combien cette caque renferme-t-elle de harengs, sachant qu'il y en a 12 au kilo? et quel sera le bénéfice du marchand s'il en donne 7 pour 73 centimes et demi?

865. Le litre de vin de Mâcon pèse 0 kilo 9715 et coûte 0 fr. 65. On demande le prix d'une barrique de ce vin pesant pleine 259 kilos. On sait que le fût vide pèse 37 kilos 498 et qu'il est estimé 7 fr. 50.

866. Un aubergiste fait mettre en bouteilles de 0 litre 72 le

---

1. Non compris le poids de la caque.

vin d'un fût de 216 litres. Les bouteilles coûtent 18 fr. le cent et les bouchons 23 fr. le mille. Quel sera le prix de revient de la bouteille pleine, sachant que le tonnelier prend 0 fr. 015 par bouteille pour son salaire?

867. Pour faire une douzaine de chemises, une ouvrière a employé 34 m. 20 de toile à 2 fr. 40 le mètre; 3 m. 20 de batiste pour cols et poignets à 5 fr. 50, et 6 douzaines de boutons à 0 fr. 25 la douzaine. Déterminer le prix de revient d'une chemise, sachant qu'il a fallu à l'ouvrière 20 jours de travail à 1 fr. 50 et qu'on a déboursé pour fil et aiguilles 1 fr. 25.

868. On admet qu'un double décalitre de noix donne 1 litre 90 d'huile et 1 kilo 200 de tourteaux valant 0 fr. 15 le kilo. Les frais d'extraction de l'huile étant de 0 fr. 15 par litre, on demande s'il est plus avantageux d'acheter, pour en faire de l'huile, des noix au prix de 1 fr. 05 le décalitre que de l'huile toute faite à 1 fr. 70 le litre.

869. Une lampe brûle en 3 heures et demie 0 kilo 16 d'huile valant 1 fr. 30 le kilo. On obtiendrait la même clarté si on brûlait 0 litre 14 de pétrole valant 1 fr. 10 le litre. Déterminer le mode d'éclairage le plus avantageux, et calculer l'économie qu'on réaliserait en 110 jours, si l'on employait le mode le moins dispendieux.

SUPPLÉMENT AUX EXERCICES SUR LA NUMÉRATION.

L'Élève résoudra les questions suivantes :

870. Une unité simple vaut combien de dixièmes? Combien de centièmes? combien de millièmes? combien de cent-millièmes? combien de millionièmes?

871. Combien faut-il de dix-millièmes pour faire un centième? et combien un dixième vaut-il de cent-millièmes?

872. Combien une demi-unité fait-elle de dixièmes? Com-

bien un demi-dixième fait-il de centièmes ? combien un demi-centième fait-il de millièmes ?

873. Quelle différence y a-t-il 1° entre un demi-dixième et 5 centièmes ? 2° entre un demi-millième et 5 dix-millièmes ?

874. Écrivez quarante-trois sous 1° en décimes ; 2° en centimes ; et dites ce que 3 fr. 85 valent de sous.

875. Une personne devait 1595 centimes ; elle a payé 319 sous : que doit-elle encore ?

876. Faites la somme des nombres suivants : quatre millionièmes, seize dixièmes, neuf cent quarante-trois centièmes, deux mille cent trente-deux millièmes et 7996 millionièmes.

877. Quelle est l'unité qui vaut mille millions ? Quelle est celle qui vaut cent centaines de mille ?

878. Quel nombre obtiendriez-vous si vous ajoutiez trente-sept dizaines à cinq cent soixante-quinze centièmes ?

879. Quel nombre faut-il ajouter à cent dix-huit dix-millièmes pour avoir neuf unités deux dixièmes ?

880. De trois millions sept mille vingt-quatre unités retranchez dix-sept cent mille unités vingt-neuf centièmes.

881. De dix-sept billions vingt-cinq mille quatre unités cinq dix-millièmes retranchez huit milliards sept mille vingt unités un demi-millième.

882. En multipliant neuf dixièmes et demi par un certain nombre, on a obtenu au produit 2945 cent-millièmes. Déterminez le multiplicateur.

883. Par quel nombre faut-il multiplier 23 millièmes et demi pour avoir au produit 1645 millionièmes ?

884. Divisez 25 centièmes et demi par 51 millièmes, et faites ensuite connaître le nombre qu'il faut ajouter au quotient trouvé pour avoir 735 centièmes.

885. Dans un nombre entier, qui commence aux billions, il y a des centaines de mille, des mille et des dizaines. Quelles sont les unités qui manquent ?

886. Un nombre décimal est formé de 9 chiffres ; celui du milieu représente des dixièmes. Quelle unité représentent respectivement le dernier à droite et le dernier à gauche ?

887. Dans un nombre décimal, composé de 12 chiffres, le

premier chiffre à gauche exprime des dizaines de millions : quelle unité exprime le dernier chiffre à droite ?

888. Quelle est la valeur relative de chaque chiffre significatif dans les nombres 1490508 ; 40705008 ; 530700060 ?

V. — PROBLÈMES DE RÉCAPITULATION SUR LES QUATRE OPÉRATIONS DES NOMBRES ENTIERS ET DÉCIMAUX [1].

---

889. Combien faut-il ajouter à 91709,6 pour avoir 291745 ?

890. Le déluge universel a eu lieu 3308 ans avant Jésus-Christ. Commien s'est-il écoulé d'années depuis cet événement jusqu'à la mort de Louis XVI, guillotiné en 1793 ?

891. Une personne doit 93 fr. à son cordonnier, 36 fr. 28 à son boulanger, 51 fr. 35 à son tailleur et 18 fr. 50 à son épicier. Elle ne possède que 163 fr. : que lui manque-t-il pour pouvoir payer ces dettes ?

892. On occupe 123 ouvriers dont 63 sont payés à raison de 2 fr. 25 par jour ; 38 à raison de 3 fr. 15, et les autres à raison de 4 fr. 60. A combien s'élève par jour le salaire de tous ces ouvriers ?

893. Un marchand reçoit 8 pièces de vin qui lui coûtent 54 fr. 30 la pièce. Après les avoir payées et donné en outre 11 fr. 50 pour le transport, il lui reste 97 fr. 50 : quelle somme avait-il auparavant ?

894. Un maître maçon a 78 ouvriers dont 27 sont payés à raison de 2 fr. 15 par jour ; 31 à raison de 2 fr. 55, et le reste à raison de 3 fr. 75. Quelle somme doit-il avoir pour donner à tous leur salaire d'une semaine de 6 jours ?

1. Plusieurs problèmes de ce paragraphe, particulièrement les derniers, présentent déjà des difficultés assez sérieuses. Les Maîtres pourront les donner à ceux de leurs élèves auxquels des questions plus faciles ne conviendraient pas.

895. On achète 8 douzaines de chemises pour 528 fr.; quel est le prix d'une chemise ?

896. Un fermier paie 558 fr. de fermage et 124 fr. d'impôts pour une terre de 9 hectares. Combien paie-t-il en tout par hectare ?

897. Combien aura-t-on de mètres de toile pour 129 fr. 60, si le mètre coûte 1 fr. 80 ?

898. Un ouvrier reçoit 121 fr. pour 55 journées de travail : quel est le prix de la journée ?

899. On donne une pièce de 20 fr. à un épicier pour payer un pain de sucre de 7 kilos 65 valant 1 fr. 35 le kilo. Que doit rendre l'épicier ?

900. Un employé gagne 1440 fr. par an. Pour combien de mois doit-on lui donner 840 fr. ?

901. Un commis, qui gagne 1500 fr. par an, n'a reçu que 1125 fr.: combien a-t-il travaillé de mois ?

902. Un marchand de vaches en a vendu 30 pour 9750 fr.; de cette façon, il a gagné 600 fr. Combien chaque vache lui avait-elle coûté ?

903. Un employé reçoit 910 fr. pour 7 mois de travail : que gagne-t-il par an ?

904. Une vigne, achetée sur le pied de 31 fr. 40 l'are, a été payée 910 fr. 60 fr.: quelle en est la contenance ?

905. Un bataillon, composé de 450 hommes, a consommé en 13 jours 3644 kilos 75 de pain. On demande la ration journalière d'un soldat.

906. Pour payer une dette, une personne donne en argent 6740 fr. 50 et deux billets de banque, l'un de 50 fr., l'autre de 200 fr. Sachant qu'elle redoit 216 fr. 25, on demande le montant de sa dette.

907. On achète 52 livres à 6 francs la douzaine et l'on a le treizième par-dessus, c'est-à-dire 13 volumes pour 12. Que gagne-t-on en les revendant 0 fr. 55 pièce, sans treizième? 1.

1. L'expression (on a le 13ᵉ par-dessus) signifie que, pour chaque douzaine de livres qu'on achète, on en reçoit un qu'on ne paie pas ; ce qui revient à dire que sur 13 livres il n'y en a que 12 qui sont payés. — Même observation pour les 4 au cent.

908. Je conviens de payer des fagots 11 fr. 50 le cent, à condition qu'on me donnera par-dessus ce qu'on appelle les 4 au cent. Quelle somme dois-je pour les 416 fagots qu'on m'a livrés?

909. Un père avait 27 ans à la naissance de son fils. Quel sera l'âge du fils quand le père aura 67 ans?

910. Une mère avait 25 ans à la naissance de sa fille. Quel sera l'âge de la fille quand la mère aura 53 ans?

911. Un père a 38 ans et ses deux fils, l'un 10 ans, l'autre 6. Quel âge aura le père quand ses deux enfants auront ensemble 62 ans?

912. Une mère a 32 ans; ses trois enfants ont, le 1ᵉʳ 9 ans, le 2ᵉ 5 ans et la 3ᵉ 3 mois. Quel âge aura la mère quand ses trois enfants auront ensemble 48 ans?

913. Partager 2835 fr. entre deux personnes, de manière que l'une ait le double de l'autre.

914. Partager 756 fr. 25 entre deux personnes, de telle sorte que l'une ait 4 fois autant que l'autre.

915. Un père et son fils gagnent ensemble en 26 jours 124 fr. 80. Que gagnent-ils chacun par jour, si le prix de la journée du fils n'est que les 0,6 du prix de celle du père?

916. Deux forgerons ont gagné ensemble 74 fr. en 15 jours. Quel est le prix de la journée de chacun d'eux, si le premier gagne 25 pour 0/0 de plus que le deuxième?

917. Un libraire reçoit 143 volumes au prix de 31 fr. 20 la douzaine. Quelle somme doit-il, sachant qu'on lui donne 13 volumes pour 12?

918. Une personne, qui a 2153 fr. 50 de revenu annuel, voudrait mettre 1 fr. 25 de côté par jour. Que lui restera-t-il à dépenser par jour?

919. Un fonctionnaire, qui a un traitement de 2460 fr. par an, ne dépense que 1925 fr. Au bout de combien d'années aura-t-il économisé 4012 fr. 50?

920. Un commis-voyageur reçoit 1980 fr. d'appointements par an plus 12 fr. par jour pour frais de voyage. Quelle somme économise-t-il par an, s'il dépense 13 fr. 50 par jour en moyenne?

921. Combien y a-t-il de secondes dans 3 jours 7 heures?

922. Combien y a-t-il de minutes dans une année bissextile?

923. En admettant qu'il faille pour un homme 660 centimètres cubes d'air à chaque respiration, combien lui en faut-il par jour, en supposant qu'il respire 17 fois par minute?

924. L'eau, à volume égal, pèse 770 fois plus que l'air. Quel est, d'après cela, le poids d'un litre d'air? On sait qu'un litre d'eau pèse 1 kilogramme.

925. Sur une pièce de drap de 28 mètres, on a pris 8 m. 05 pour 7 pantalons et 7 m. 60 pour 8 gilets. On demande combien on pourrait faire de gilets avec le reste de la pièce.

926. Une personne, qui a acheté 37 m. 35 d'étoffe à 1 fr. 40 le mètre, la rapporte au marchand et demande qu'on la lui échange contre une autre à 2 fr. 25. Combien aura-t-elle de mètres de la seconde étoffe?

927. 32 kilos 5 d'une marchandise ont coûté 234 fr. A combien revient le kilo et combien coûteraient 285 kilos de la même marchandise?

928. On sème ordinairement 2 hectol. 5 de blé par hectare. Combien faut-il, d'après cela, d'hectolitres de blé pour ensemencer 9 pièces de terre de 2 hectares 7 chacune?

929. La lumière du soleil met, pour arriver jusqu'à nous, 8 minutes 13 secondes. Quelle est la vitesse de la lumière par seconde, sachant que la distance de la terre au soleil est de 153624000 kilomètres?

930. La superficie du département de l'Yonne est de 736916 hectares dont 31000 sont occupés par des prairies naturelles; 38000 par des vignes; 14500 par des pâturages et des bruyères; 194000 par des bois et terrains incultes, et le reste par des terres cultivables. Quelle est l'étendue occupée par ces dernières?

931. La population du département de la Seine (le plus petit en étendue et le plus grand en population) est de 2150914 habitants et sa superficie de 47548 hectares. Combien y a-t-il en moyenne dans ce département d'habitants par hectare?

932. La population de l'Yonne se répartit à peu près comme il suit : agriculteurs 236000 ; industriels et commerçants 96000; individus exerçant des professions libérales 12000. Le surplus

des habitants n'a pas de profession. Quel est le nombre de ces derniers, la population totale de l'Yonne étant de 372589 âmes ?

933. Le montant annuel des impôts, dans le département de l'Yonne, est d'environ 13 millions de francs. Quelle est, en moyenne, la part contributive de chaque habitant? (Voir le n° précédent.)

934. Le département de l'Yonne compte 5 arrondissements, 37 cantons, 485 communes et 372589 habitants. Quelle est la population moyenne par arrondissement, par canton et par commune?

935. La première race (*Mérovingiens*) des rois de France a fourni 22 rois ; la seconde (*Carlovingiens*) en a fourni 13, et la troisième (*Capétiens*), 36. Déterminer, pour chaque race, la durée moyenne de chaque règne, sachant que la première race a occupé le trône de l'an 418 à 752 ; la seconde, de 752 à 987, et la troisième, de 987 à 1848.

936. Une armée est composée de trois corps comptant : le 1er 3, le 2e 4 et le 3e 5 régiments. Chaque régiment compte 3 bataillons, chaque bataillon, 6 compagnies, et chaque compagnie, 120 hommes. On demande ce qui reviendrait à chaque homme si l'on distribuait également entre tous 1 million de francs.

937. Les six départements les plus peuplés de la France sont : le département de la Seine qui compte 2150914 habitants ; le département du Nord qui en compte 1392041 ; celui de la Seine-Inférieure, 792763 ; celui du Pas-de-Calais, 749777 ; celui de la Gironde, 701855, et celui du Rhône, 678648. On demande la population moyenne de chacun de ces départements.

938. Un marchand, qui a acheté 2 pièces de drap de même qualité, à raison de 10 fr. 20 le mètre, a déboursé 464 fr. 10. La première pièce contenant 20 mètres 50, on demande la longueur de la seconde.

939. On achète deux fûts de vin de même qualité. Le second contient 2 hectol. 8 de plus que le premier et coûte 226 fr. 30 ; l'autre coûte 139 fr. 50. On demande la capacité de chaque fût.

940. On achète deux fûts de vin de même qualité. Le premier contient 2 hectol. 8 de moins que le second et coûte 170 fr. 50 ;

l'autre coûte 259 fr. 30. Quelle est la valeur de l'hectolitre de vin ?

941. Une personne achète les 3 dixièmes d'une pièce d'étoffe de 75 mètres; une 2e personne en achète les 4 dixièmes, et une 3e, le reste. Que doit chaque personne, si le mètre vaut 8 fr. 25 ?

942. Lorsque l'huile d'olive coûte 245 fr. les 100 kilos, combien coûte-t-elle le litre? On sait qu'un litre de cette huile pèse 920 grammes.

943. 40 litres d'eau de mer contiennent environ 1 kilogramme de sel. Trouver le poids de la quantité d'eau de mer qui a fourni 82 décagrammes de sel. Le litre d'eau de mer pèse 1027 grammes.

944. Sachant que 575 kilos de seigle coûtent 167 fr. 50 et que 150 litres de ce grain pèsent 115 kilos 5, on demande le prix d'un hectolitre de seigle.

945. Un propriétaire vend un bœuf 486 fr. et gagne ainsi la 5e partie du prix d'achat. Combien le bœuf a-t-il coûté et combien le propriétaire a-t-il gagné ?

946. Un marchand vend, avec bénéfice de 8 0/0, 275 mètres de drap pour 4675 fr. Quel est le prix d'achat du mètre ?

947. On met dans un des bassins d'une balance un poids de deux kilos. Combien devra-t-on mettre de pièces de 10 centimes dans l'autre bassin pour rétablir l'équilibre? La pièce de 10 centimes pèse 10 grammes.

948. On demande combien il faudrait d'hommes pour porter 6050 fr. en monnaie de bronze, en admettant qu'un homme puisse porter un poids de 55 kilos.

949. Si j'avais 29 fr. 45 de plus, je pourrais payer les 6 moutons que j'ai achetés 23 fr. 25 pièce. Quelle somme ai-je ?

950. J'avais 856 fr.; j'ai emprunté 635 fr. 40, puis j'ai payé 1537 fr. 65 que je devais : que me reste-t-il ?

951. Si j'avais le triple de ce que j'ai plus 28 fr. 50, je pourrais acheter une vache de 192 fr. : combien ai-je ?

952. Qu'obtiendrait-on si, après avoir ajouté 9401 à 8176, on divisait le résultat par 63 ?

953. Un enfant a 21 plumes dans la main gauche; si l'on ajoutait 19 plumes à ce nombre et qu'on divisât le résultat par

4, on aurait le nombre de plumes qu'il a dans la main droite. Combien a-t-il de plumes dans cette dernière main ?

954. Un facteur a 90 lettres à distribuer; chaque lettre lui prenant 4 minutes en moyenne, on demande à quelle heure il aura terminé sa distribution, s'il la commence à 7 heures du matin.

955. Un sabotier s'est mis à l'ouvrage à 6 heures du matin et a fait 10 paires de sabots dans sa journée. Chaque paire lui demandant 52 minutes, on demande à quelle heure il aura fini sa besogne. On sait qu'il s'est reposé 1 heure.

956. Si l'on divise un nombre par 6,9, on trouve 124 au quotient et 14 pour reste : quel est ce nombre?

957. Le produit de deux nombres est 3564 et leur quotient 11. Quels sont ces deux nombres ?

958. Si l'on retranche 97,6 de quatre fois un nombre, on trouve 57 : quel est ce nombre?

959. Deux personnes ont ensemble 36 fr.; si la première avait 3 fr. 10 de plus et la seconde 2 fr. 10 de moins, elles auraient autant l'une que l'autre. Combien chacune a-t-elle ?

960. On sait qu'on obtient la surface d'un rectangle en multipliant sa longueur par sa largeur. D'après cela, quelle est la surface d'un rectangle qui a 127 mètres de longueur et 30 m. 5 de largeur?

961. D'après le problème précédent, on demande la longueur d'un champ rectangulaire qui a 38 ares 735 de surface et une largeur de 30 m. 50.

962. Un fermier, qui doit une somme de 936 fr., donne en paiement 630 fr. 75 et 17 hectolitres de blé. Combien l'hectolitre de blé est-il estimé ?

963. Un marchand cède à un confrère une pièce de velours de 563 fr. en échange de 32 m. 25 de soie et d'une pièce de toile estimée 178 fr. On demande la valeur d'un mètre de soie.

964. Un fabricant vend 355 m. 40 de drap à raison de 9 fr. 10 le mètre; il reçoit en paiement 415 mètres de taffetas et 1576 fr. en espèces. Dire le prix du mètre de taffetas.

965. Pierre cède à Jacques 450 litres de vin à 1 fr. 25 le litre et 255 litres d'huile à 1 fr. 35; il reçoit en échange 403 litres de cognac. Combien le litre de cognac est-il estimé ?

966. On emploie dans une fabrique des hommes, des femmes et des enfants, qui gagnent par semaine, savoir : les hommes 18 fr. 50 chacun ; les femmes 10 fr. 30, et les enfants 5 fr. 80. La dépense totale pour 5 semaines de travail a été de 6998 fr. Sachant que le nombre des hommes est de 50 et celui des femmes de 32, on demande le nombre des enfants.

967. On achète 26 pièces de Bordeaux à 145 fr. la pièce et 53 pièces de Mâcon à 92 fr. 50. Qu'a-t-on payé en tout et qu'aurait dû coûter la pièce de Bordeaux pour que la dépense de ce vin fût la même que celle du Mâcon ?

968. Une diligence fait deux voyages par jour et transporte chaque fois 15 personnes dont 4 au prix de 3 fr. 25, 5 au prix de 2 fr. 85 et le reste au prix de 2 fr. 50. Quelle est la recette de cette voiture pour 39 jours ?

969. Un omnibus de 14 places fait 12 voyages par jour. Combien transporte-t-il de voyageurs dans une année, en supposant qu'il soit toujours complet, et quelle recette produit-il dans le même temps, si chaque voyageur paie en moyenne 0 fr. 35 ?

970. Un marchand vend 5 pièces de drap pour 1980 fr. Combien avait-il payé le mètre, sachant que chaque pièce contient 36 mètres et qu'il gagne 270 fr. ?

971. On a partagé 650 fr. entre 3 personnes ; la première a eu 256 fr., la seconde, 41 fr. 85 de plus. Quelle a été la part de la troisième ?

972. Trois personnes se sont partagé un héritage ; la première a eu le double de la seconde, et celle-ci le triple de la troisième qui a eu 1375 fr. 88. Quel était le montant de l'héritage ?

973. Un cabaretier achète 7 pièces de vin de 272 litres chacune au prix de 0 fr. 40 le litre, non compris les frais de transport et autres, qui s'élèvent à 36 fr. Après avoir ajouté 25 litres d'eau par pièce, il a revendu le tout à raison de 0 fr. 35 le litre. Quel est son gain ou sa perte ?

974. Un débitant achète 1 hectolitre 36 de vin pour 38 fr. 08. Que devra-t-il faire pour pouvoir vendre le litre 0 fr. 27, tout en gagnant 8 fr. 63 sur le tout ?

975. Un négociant a reçu 463 barriques d'huile qu'il a payées

26554 fr.; il les a revendues avec bénéfice de 2315 fr. Combien a-t-il gagné sur chaque barrique ?

976. Un débitant achète 18 fûts d'eau-de-vie à 108 fr. l'un ; il en revend 10 à raison de 106 fr. 75. A quel prix doit-il livrer chacun des autres pour gagner 115 fr. sur son marché ?

977. Un marchand achète 4 pièces de vin de 228 litres chacune ; il a payé 437 fr. 40 d'achat, 37 fr. de transport, 86 fr. de droits et 18 fr. de commission. Combien ce marchand doit-il vendre le litre de vin pour gagner 140 fr. sur le tout ? On sait qu'il y a 3 litres 4 de déchet par pièce.

978. Un maquignon a retiré 3258 fr. de la vente de ses chevaux et 2530 fr. de la vente de ses juments. Les chevaux ayant été vendus 362 fr. l'un et les juments 253 fr., on demande combien il avait de bêtes en tout.

979. Un épicier a reçu 18 douzaines d'oranges dans deux caisses dont l'une contient 36 oranges de plus que l'autre. Quelle est la valeur des oranges contenues dans chaque caisse, le cent coûtant 15 fr. ?

980. Je dois payer 1570 fr. 50 dans 7 mois. Si je paie tout de suite, on m'accorde une remise de 3 p. 0/0. Combien dois-je payer tout de suite ?

981. Un marchand de comestibles a acheté 7 douzaines de boîtes de sardines à 2 fr. 45 la boîte. Combien doit-il revendre la boîte pour gagner 15 p. 0/0 ?

982. Un voyageur de commerce a 3 1/2 p. 0/0 sur les affaires qu'il fait. Que lui revient-il sur un chiffre d'affaires de 23590 fr. ?

983. Pour se défaire d'une pièce d'étoffe de 25 mètres, qu'il avait payée 7 f. 65 le mètre, un marchand l'a revendue avec perte de 10 p. 0/0. Combien a-t-il retiré : 1° du mètre ? 2° en tout ? et quelle a été sa perte totale ?

984. Un sac plein de pièces de 2 fr. pèse 1817 gr. 6 ; le sac vide pèse 27 gr. 6. Quelle somme renferme-t-il ? On sait qu'une pièce de 2 fr. pèse 10 grammes.

985. Une horloge, qui avance de 4 minutes 6 secondes par jour de 12 heures, est mise à l'heure à 7 heures du matin. Quelle sera l'heure vraie lorsqu'elle indiquera 11 heures et demie du soir le lendemain ?

986. Une montre, qui retarde de 3 minutes 5 secondes par jour de 12 heures, vient d'être mise à l'heure. Au bout de combien de temps marquera-t-elle l'heure exacte?

987. Une mère donne à son fils une pièce de 2 fr. pour qu'il aille chercher 1 kilo 9 de veau. On demande le prix du kilo de cette viande, sachant qu'il manque à l'enfant 0 fr. 66.

988. La récolte en froment d'une propriété a été vendue 28 fr. 10 les 100 kilos et a produit une somme totale de 5451 fr. 40. Sachant que l'étendue de la propriété est de 15 hectares 8, on demande le produit d'un hectare en grain et en argent.

989. Un entrepreneur a 105 ouvriers qui lui gagnent 6 fr. 75 par jour chacun. Il les paie à raison de 4 fr. 60 par jour de travail. Quel sera le bénéfice annuel de l'entrepreneur, si ses ouvriers se reposent 70 jours par an?

990. On a fait 36 chemises avec une pièce de toile de 90 mètres, coûtant 1 fr. 95 le mètre. On demande le prix de revient d'une chemise, sachant que l'ouvrière prend 20 fr. 40 de façon par douzaine.

991. Un tailleur a pris sur une pièce de drap 18 redingotes qu'il a vendues 83 fr. 50 l'une. La pièce de drap lui ayant coûté 1346 fr. 45, on demande son bénéfice total.

992. Un papetier achète 36 rames de papier, à 0 fr. 60 la main, pour en faire des cahiers de 5 feuilles chacun qu'il vendra 0 fr. 20 pièce. Quel sera son gain total? On sait que la rame contient 20 mains et la main 25 feuilles; on sait de plus que chaque cahier est pourvu d'une couverture coûtant 1 centime et demi.

993. Un quincaillier achète 7 douzaines de lampes à schiste au prix de 9 fr. 70 la pièce, avec remise de 30 p. 0/0. Quel sera son bénéfice *brut* s'il revend la douzaine 128 fr. 40 [1]?

994. Un maquignon achète 9 vaches au prix moyen de 312 fr.; il les revend 20 jours après 3105 fr. en bloc. Quel est son bénéfice *net* par tête, sachant qu'il a dépensé 12 fr. 50 à la foire où

1. On nomme bénéfice *brut* un bénéfice dont on n'a pas déduit les frais faits pour le réaliser.

il a acheté les vaches, et que ses frais pour perte de temps, avance d'argent, conduite et nourriture des bêtes se sont élevés à 225 fr. [1] ?

995. Une fermière a 15 vaches laitières qui donnent en moyenne chacune 2000 litres de lait par an. Quelle quantité de beurre ces vaches produiront-elles annuellement, s'il faut 25 litres de lait pour en faire 1 kilo? et quelle sera la valeur de ce beurre, s'il est vendu au prix moyen de 0 fr. 95 le demi-kilo-gramme ?

996. On met en bouteilles de 0 litre 75 le vin d'une feuillette de 135 litres coûtant 45 fr. On demande le prix de la bouteille de vin. (*Concours entre les Écoles de l'Yonne: juillet* 1867.)

997. On met en bouteilles de 0 litre 70 le vin d'un tonneau de 224 litres coûtant 36 fr. 25 l'hectolitre. On demande le prix de la bouteille pleine, sachant que les bouteilles vides se paient 18 fr. le cent, et que les frais de transport et de congé du vin s'élèvent à 17 p. 0/0 du prix d'achat.

998. Nous avons en France 486 mines de fer qui donnent du minerai pour une valeur de 20200000 fr. Ce minerai, transformé en fer, acquiert une plus-value de 95 p. 0/0. On demande la valeur des produits fabriqués avec ce minerai.

999. La production française en chanvre et en lin est annuel-lement de 145 millions de francs environ. Dans cette somme, la valeur du chanvre entre pour les 0,6: quelle est celle du lin?

1000. La régie achète en moyenne par an pour 45000000 de francs de tabacs pour la préparation desquels elle dépense en-viron 16500000 fr. Ces tabacs sont livrés aux consommateurs au prix de 10 fr. le kilo et produisent à peu près 282525300 fr. Dire le nombre de kilos de tabac consommés annuellement en France, et déterminer le bénéfice net de l'État, sachant que les débitants ont pour eux 1 fr. par kilogramme vendu.

1001. Le père Guillaume a 69 ans. Depuis l'âge de 18 ans il a fumé en moyenne pour 0 fr. 15 de tabac par jour. Faire con-naître la somme qu'il a dépensée en tabac depuis qu'il fume, et

---

1. Le bénéfice net est le bénéfice qu'on réalise dans un commerce ou dans une entreprise quelconque, déduction faite de tous les frais que ce commerce ou cette entreprise a occasionnés.

dire le nombre de jours qu'il pourrait vivre avec cette somme, en dépensant 1 fr. 50 par jour. (Parmi les années qu'il a fumé, on en compte 13 qui sont bissextiles.)

1002. On a payé 323 fr. 40 une pièce de drap de 21 mètres. Combien, pour la même somme, aurait-on eu de drap d'une qualité supérieure dont 2 mètres vaudraient autant que 3 mètres de la première ?

1003. Un fermier, qui a envoyé à Paris 25 kilos de beurre pour être vendus à la halle, a reçu, quelques jours après, de son commissionnaire, le compte suivant : Vente : 25 kilos de beurre à 2 fr. 80. A déduire : 1° frais de vente 3 p. 0/0; 2° transport 1 fr. 50. Le fermier débourse en outre 0 fr. 87 pour toucher son argent. On demande le prix net du kilogramme de beurre.

1004. Dans les années 1860, 1861, 1862, 1863, 1864 et 1865, on a récolté en France les quantités de soie suivantes : en 1861, 31720 kilos de plus qu'en 1863 ; en 1860, 66860 kilos de plus qu'en 1861 ; en 1862, 876090 kilos de plus qu'en 1860 ; la récolte de 1863 produisit 436998 kilos de plus que celle de 1862 ; enfin la récolte de 1865 surpasse de 15950 kilos celle de 1864. Quelle quantité de soie la France a-t-elle récoltée dans ces 6 années, si la récolte de 1864 a été de 7295007 kilos? et quelle a été, en moyenne, la récolte annuelle?

1005. Il est passé sur un pont, dans l'espace de 35 jours, 2549 piétons, 535 cavaliers, 203 voitures à un cheval et 69 voitures à deux chevaux. Les piétons paient 0 fr. 05, les cavaliers 0 fr. 10, les voitures à un cheval 0 fr. 15, et les voitures à deux chevaux 0 fr. 20. Calculer la recette totale du péage de ce pont pour les 35 jours.

1006. Combien, en France, consomme-t-on de viande par an et par jour, sachant que la ration moyenne de chaque individu est d'environ 23 kilos 5 par an et que la population française s'élève à 38067094 habitants?

1007. Un livre se compose de 360 pages; chaque page contient 33 lignes et chaque ligne renferme en moyenne 40 lettres. On veut le réimprimer sous un autre format dont chaque page aura 42 lignes contenant chacune 44 lettres. Combien le nouveau livre aura-t-il de pages?

1008. Une fermière achète un petit cochon pour 25 francs; il consomme 5 hectol. 5 d'orge à 12 fr. 50; 350 kilos de son à 18 fr. 50 le quintal, et 6 hectol. 9 de pommes de terre à 4 fr. 50. Tué et vidé, ce cochon donne 95 kilos de viande et 15 kilos de graisse estimée 0 fr. 90 le kilo. Quel est le prix de revient du kilogramme de viande?

1009. On a acheté des oies et des dindons âgés de 8 mois, époque à laquelle on les engraisse. Au début de l'engraissement, qui dure 24 jours, chaque oie pèse 5 kilos et vaut 0 fr. 90 le kilo; chaque dindon pèse aussi 5 kilos et vaut 1 fr. le kilo. Pendant ces 24 jours, chaque volaille consomme 12 litres de lait et 12 kilos de farine de maïs en boulettes. Le poids de chaque volaille double et la valeur de sa chair augmente d'un quart pour l'oie et de la moitié pour le dindon. Le lait vaut 0 fr. 20 le litre et la farine 0 fr. 25 le kilo. Quel bénéfice net donne ainsi chacune d'elles? (*Yonne, concours entre les écoles; août* 1869.)

1010. Un élève, chargé de faire une addition de nombres entiers, a trouvé 136567. Le maître, après avoir vérifié l'opération, lui dit : dans la 1re colonne à droite, vous avez compté 2 de trop; dans la seconde colonne, vous avez oublié d'ajouter la retenue 3; dans la 3e, vous avez compté 5 de moins, et dans la 5e, vous avez compté 4 de plus qu'il ne fallait. Trouver le vrai résultat.

1011. Une armée est composée de 4 divisions. La 1re a 20 pièces de canon, 8050 fantassins et 2500 cavaliers; la 2e a 16 pièces de canon, 6950 fantassins et 1900 cavaliers; la 3e, 30 pièces de canon, 13750 fantassins et 3036 cavaliers. Sachant que l'armée totale compte 94 canons, 38850 fantassins et 11646 cavaliers, on demande le nombre de canons, de fantassins et de cavaliers que possède la 4e division.

1012. On achète, pour meubler une chambre, 4 fauteuils à 48 fr. pièce; une glace de 136 fr.; 12 chaises à 4 fr. 50 l'une, et trois tables. La dépense totale s'élevant à 496 fr. 60, on demande le prix moyen d'une table.

1013. Un cordonnier a vendu pour 1166 fr. 50 soixante-six paires de bottes, dont 29 au prix de 20 fr. 50. Quel est le prix moyen de chacune des autres paires?

1014. Un négociant a payé 1312 fr. pour l'achat de 20 balles de coton à trois prix différents, savoir : 4 balles à 65 fr. l'une; 7 balles à 68 fr. A combien revient ainsi chacune des autres balles?

1015. Un faïencier achète 142 vases de porcelaine à 4 fr. 50 la pièce; 9 de ces vases se trouvent brisés. Combien doit-il revendre chacun des autres pour gagner 95 fr. en tout?

1016. Un vitrier achète 195 feuilles de verre pour 585 fr. Après en avoir brisé un certain nombre, il cède, à prix de revient, le reste à un confrère qui lui paie 534 fr. Combien de feuilles ont été brisées?

1017. Un marchand achète 15 bœufs et 35 moutons; chaque bœuf lui coûte 375 fr., et chaque mouton 19 fr. 75. En revendant le tout, il a gagné 57 fr. par bœuf, mais il a perdu 3 fr. 25 par mouton. Quel est son gain ou sa perte?

1018. Un tanneur a acheté 20 peaux fraîches de bœuf pour 600 fr. 50; il les a revendues préparées 350 fr. de plus qu'elles ne lui avaient coûté. On demande : 1º le prix de vente de la peau tannée; 2º l'augmentation par peau résultant du tannage.

1019. Un fermier a reçu de son propriétaire une avance de 1335 fr.; il lui doit, en outre, 5 mois sur son fermage, qui est de 5946 fr. par an. D'un autre côté, il a fait, pour le compte de son propriétaire, 329 journées à 2 fr. 40 et 197 autres à 4 fr. 75. Dire lequel des deux est redevable à l'autre et de quelle somme.

1020. La population de la France est de 38067094 habitants, et sa superficie de 54239679 hectares. Déterminer, pour la France, la population par hectare, et dire si le département du Finistère, qui compte 662485 habitants et qui a une superficie de 672112 hectares, a plus ou moins que la moyenne en étendue et en population.

1021. On compte en France 89 départements, 373 arrondissements, 2941 cantons, 37548 communes et 38067094 habitants. Dire si le département du Morbihan, qui compte 4 arrondissements, 37 cantons, 237 communes et 501034 habitants, a la moyenne en arrondissements, en cantons, en communes et en population [1].

1. Ces chiffres ont été relevés avant la *cession de territoire* faite en

1022. En France, la récolte annuelle en blé est, selon M. Payen, en moyenne de 70 millions d'hectolitres, estimés 20 fr. 50 l'hectolitre; la récolte en seigle, de 27811700 hectolitres, estimés 12 fr. 65, et la récolte en méteil, de 11000000 d'hectolitres, estimés 15 fr. 25. En admettant que ces diverses céréales soient entièrement consommées par le peuple français dans une année, on demande, en hectolitres et en valeur, la consommation moyenne par an d'un individu. (Voir le no précédent.)

1023. Un père de famille, qui veut s'assurer du pain pour une année, achète 14 hectolitres de blé et 14 hectolitres de seigle pour 560 fr. On demande : 1º le prix moyen de l'hectolitre; 2º le prix de l'hectolitre de seigle, sachant qu'il a été payé 4 fr. au-dessous du prix moyen; 3º le prix de l'hectolitre de blé; 4º le nombre de personnes composant la famille, sachant que la consommation moyenne d'une personne est de 5 hectolitres 6 de grain par an.

1024. Un marchand de comestibles vend 7 lapins à 1 fr. 55 la pièce; et 5 lièvres. Il reçoit pour les lièvres 9 fr. 75 de plus que pour les lapins : Combien a-t-il vendu chaque lièvre ?

1025. Un bec de gaz, qui en consomme 1 hectol. 90 par heure, donne la même clarté qu'une lampe brûlant 50 grammes d'huile dans le même temps. On demande quel est, de ces deux modes d'éclairage, le plus économique, sachant que le gaz coûte 0 fr. 32 le mètre cube et l'huile 1 fr. 40 le kilo. On demande, en outre, quel serait, pour une année, le gain ou la perte d'une personne qui remplacerait trois lampes par trois becs de gaz. On suppose qu'elle a besoin de s'éclairer en moyenne 3 heures par jour.

1026. Dans une commune de 1000 habitants, la moyenne annuelle des décès est de 17. La mortalité de cette commune étant prise pour base, on demande de calculer, par jour et par année, le nombre des décès pour la France entière. (Voir le nº 1020).

1871. Nous n'avons pas cru devoir les modifier. Même observation pour tous les autres renseignements statistiques concernant la France.

VI. — EXERCICES ET PROBLÈMES SUR LE SYSTÈME MÉTRIQUE.

1° Mesures de longueur.

L'Élève résoudra les questions suivantes après avoir écrit les nombres en chiffres [1].

OBSERVATION IMPORTANTE. — Le système métrique étant soumis aux principes de la numération décimale, les nombres relatifs aux nouvelles mesures s'écrivent et s'énoncent absolument de la même manière que les nombres décimaux. Seulement, au lieu de dire : une dizaine, une centaine, un mille, une dizaine de mille ; un dixième, un centième, un millième, on dit: un *déca*, un *hecto*, un *kilo*; un *myria* ; un *déci*, un *centi*, un *milli*, mots auxquels on ajoute le nom de l'unité dont il est question.

1027. Combien le mètre vaut-il de décimètres ? de centimètres ? de millimètres ?

1028. Combien l'hectomètre vaut-il de centimètres ? le myriamètre, de décimètres ?

1029. Combien deux mille cent cinquante-sept centimètres plus trois cent cinquante-huit décamètres, plus trente-un mille sept cent soixante-cinq millimètres plus quatre kilomètres trois décimètres font-ils de mètres ?

1030. Combien dix mille millimètres valent-ils 1° de mètres? 2° de décamètres ? 3° de décimètres ?

1031. Quelle est la valeur d'un myriamètre 1° en kilo-

1. L'addition et la soustraction des nouvelles mesures s'effectuent comme celles des nombres décimaux. Mais, avant de poser les nombres que l'on veut additionner ou soustraire, il faut d'abord les convertir en une même unité, c'est-à-dire faire en sorte qu'ils expriment tous ou des mètres, ou des litres, ou des grammes, etc.

mètres ? 2° en hectomètres ? 3° en décamètres ? 4° en mètres ? 5° en centimètres ?

1032. Combien faut-il de millimètres pour faire 1° un centimètre ? 2° un décimètre ? 3° un mètre ? 4° un hectomètre ? 5° un myriamètre ?

1033. Combien quinze millions sept cent cinquante-six mille millimètres font-ils 1° de mètres ? 2° d'hectomètres ? 3° de myriamètres ?

1034. Quelle est la valeur de dix millions de millimètres 1° en centimètres ? 2° en mètres ? 3° en hectomètres ? 4° en kilomètres ?

1035. Nommez les mesures de longueur *effectives*, c'est-à-dire celles qui existent réellement, en commençant par la plus petite.

L'Élève convertira les quantités inscrites dans la colonne 1 du tableau ci-dessous en unités dont les noms sont indiqués dans les colonnes 2, 3, 4, 5, 6, 7 et 8 [1].

1036.

1	Kilomètre. 2	Hectomètre. 3	Décimètre. 4	Mètre. 5	Décimètre. 6	Centimètre. 7	Millimètre. 8
Myriamètre. . .							
Kilomètre. . . .							
Hectomètre. . .							
Décamètre. . . .							
Mètre.							
Décimètre. . . .							
Centimètre. . .							
Millimètre. . . .							

1. Les Élèves devront étudier ce tableau lorsqu'il sera convenablement rempli.

1037. On demande ce que trois mètres plus quatre décimètres plus 32803 millimètres font de mètres.

1038. Sept mètres plus 23 centimètres plus 2003 mètres plus quatre centimètres font combien de mètres ?

1039. Quelle longueur obtiendriez-vous si, à deux cent quarante-cinq mètres six décimètres, vous ajoutiez treize cent quarante-cinq centimètres ?

1040. Combien trente-sept centimètres plus vingt-cinq décamètres plus 4 kilomètres 8 mètres moins treize cent vingt décimètres font-ils de mètres ?

1041. Le méridien terrestre *(tour de la terre)* a une longueur de quarante millions de mètres. Quelle en est la longueur en kilomètres ?

1042. D'après le numéro précédent, quelle est, en hectomètres, la longueur du quart du méridien terrestre ?

1043. Si vous ajoutiez quatre hectomètres deux centimètres plus trois myriamètres deux décamètres quatre centimètres à 543 décimètres, quelle longueur auriez-vous en mètres ?

L'Élève mettra dans les colonnes 1, 2, 3, 5, 6, 7 et 8 du tableau ci-dessous la valeur en myriamètres, en kilomètres, en hectomètres, etc., de la quantité inscrite dans la colonne 4.

1044.

Myriamètres.	Kilomètres.	Hectomètres.	Décamètres.	Mètres.	Décimètres.	Centimètres.	Millimètres.
1	2	3	4	5	6	7	8
			4566,7815				

1045. Un écolier, qui a additionné 3 kilomètres 8 mètres, quarante-cinq décamètres six centimètres, 33 hectomètres 7 décamètres et quatre myriamètres trois hectomètres, a trouvé au total 41325 mètres six centimètres. De combien s'est-il trompé en trop ou en moins ?

1046. Trouver la différence qui existe entre cinq millions 145 mille 676 centimètres et quatre myriamètres 9 hectomètres 6 décimètres.

1047. On a mesuré quatre parties de route et l'on a trouvé; pour la 1re partie deux kilomètres 28 mètres 40 centimètres; pour la 2e 5254 décamètres 95 décimètres; pour la 3e 153 kilomètres 29 centimètres, et pour la 4e un myriamètre 8 décamètres et demi. On demande la longueur totale des quatre parties mesurées.

1048. De 246 doubles décamètres retranchez trois kilomètres six décamètres sept décimètres.

1049. Soustrayez les deux nombres suivants : 4 kilomètres huit décamètres 4 centimètres et 324 hectomètres 5 décimètres.

1050. De quatre myriamètres 8 centimètres retranchez 22 hectomètres plus 43256 millimètres, et dites ce que vous trouvez de décamètres.

1051. Si, après avoir réuni 45 kilomètres 9 millimètres, 33345 décimètres et 123 décamètres, vous retranchez du résultat un million trois cent quarante-cinq mille six cent soixante-quinze centimètres, combien trouverez-vous de kilomètres ?

1052. Combien trouverait-on de centimètres si l'on retranchait 2 myriamètres 5 hectomètres 4 décimètres de 28 kilomètres 53 décamètres quatre millimètres ?

1053 Deux champs ont, l'un 24 décamètres 8 centimètres de longueur, l'autre 2540 décimètres 42 millimètres; de combien de mètres l'un est-il plus long que l'autre ?

1054. Un décimètre de soie coûte 95 centimes; quel est le prix du mètre ?

1055. Le décimètre de beau drap vaut 215 centimes; quelle est la valeur en francs de 26600 millimètres de ce drap ?

1056. A raison de 21 fr. le mètre de drap, quel est le prix du centimètre ?

1057. Quelle somme retirerait-on de la vente de 49 décamètres de toile vendue au prix de 185 centimes le mètre ?

1058. Quel est le prix de 7 décimètres d'une étoffe qui se vend 125 fr. 05 le décamètre ?

1059. Quel est le nombre de millimètres qui est 27 fois plus grand que 3 décamètres deux décimètres ?

1060. Après avoir multiplié 39 décamètres 8 centimètres par 9, on a retranché du produit 25 hectomètres 4 millimètres. Combien de décimètres a-t-on eus au résultat de la soustraction ?

L'Élève mettra dans les colonnes 1, 2, 3, 4, 6, 7 et 8 de ce tableau le prix des unités qui y sont contenues, en se basant sur celui du mètre qui est indiqué dans la colonne 5.

1061.

Myriamètre.	Kilomètre.	Hectomètre.	Décamètre.	Mètre.	Décimètre.	Centimètre.	Millimètre.
1	2	3	4	5	6	7	8
				10,65			

1062. Une ménagère achète 145 centimètres de percale à raison de 80 centimes le mètre, et trois mètres 25 centimètres de mérinos à raison de 52 centimes le décimètre. Que doit-elle en tout ?

1063. Un mètre de dentelle (Valenciennes) coûte 18 fr. cinquante-cinq centimes. Quel est le prix 1° du décimètre ? 2° du centimètre ? 3° du millimètre ?

1064. Diviser 119 fr. 60 par neuf mètres deux décimètres et trouver au quotient le prix du centimètre.

1065. Par quel nombre faut-il multiplier 37 kilomètres 5 décimètres pour avoir 33 myriamètres 485 décamètres 4525 millimètres ?

1066. 100 pas d'un homme font en moyenne 8 décamètres 8 mètres. Combien 2045 de ces pas font-ils de centimètres ?

1067. Quel sera le prix de 435 centimètres de drap, si le décimètre coûte 1 fr. 65 ?

1068. Dix-neuf mètres de taffetas ayant coûté 123 fr. 50, on demande à combien revient le décimètre de cette étoffe.

1069. Par quel nombre faut-il diviser 503107 décimètres pour obtenir au quotient 11 hectomètres?

1070. Diviser 418 fr. 228 par 110 mètres 6 centimètres et obtenir au quotient le prix du décamètre.

1071. Un cordier a fabriqué 6 kilomètres 4 hectomètres 3 décamètres 8 mètres 4 décimètres 2 centimètres 5 millimètres de cordes. Écrivez en un seul nombre, en prenant le mètre pour unité, la longueur des cordes fabriquées par lui.

1072. Dans un nombre de mètres, que représentent le 2e et le 4e chiffre à gauche de la virgule? que représentent le 1er et le 3e chiffre à droite de cette même virgule?

1073. On a un nombre qui exprime des mètres et des parties de mètre. Indiquez quels sont, dans ce nombre, les chiffres qui représentent 1o les décamètres ; 2o les kilomètres; 3o les myriamètres ; 4o les décimètres ; 5o les millimètres.

1074. Dans les nombres 30805 m. 806 et 20045 m. 054, quelles sont les unités présentes? et quelles sont celles qui manquent?

1075. Quelle différence y a-t-il entre 5 décimètres et un demi-mètre? entre 5 hectomètres et un demi-kilomètre? entre 5 centimètres et un demi-décimètre?

2o Mesures de surface ou de superficie.

OBSERVATION. — Un centiare est la même chose qu'un mètre carré ; un are est la même chose qu'un décamètre carré ; un hectare est la même chose qu'un hectomètre carré. — Il n'y a pas de mesures *effectives* pour les surfaces.

L'Élève résoudra les questions suivantes après avoir écrit les nombres en chiffres [1].

1076. Combien le mètre carré vaut-il : 1° de décimètres carrés ? 2° de centimètres carrés ? 3° de millimètres carrés ?

1077. Combien l'hectomètre carré vaut-il : 1° de décamètres carrés ? 2° de mètres carrés ? 3° de décimètres carrés ? 4° de centimètres carrés ?

1078. Combien le myriamètre carré vaut-il : 1° de kilomètres carrés ? 2° d'hectomètres carrés ? 3° de décamètres carrés ? 4° de mètres carrés ?

1079. Qu'est-ce que le décimètre carré par rapport au mètre carré ? le mètre carré par rapport au décamètre carré ? le centimètre carré par rapport au mètre carré ? le décimètre carré par rapport à l'hectomètre carré ?

1080. Que représente le 2e chiffre décimal d'un nombre dont la partie entière exprime des mètres carrés? Que représente le 4e chiffre décimal ?

1081. Que représente le 6e chiffre décimal d'un nombre dont la partie entière exprime des mètres carrés ? Que représente le 2e chiffre décimal d'un nombre dont la partie entière exprime des décimètres carrés ?

1082. Un fermier a labouré 5 hectomètres carrés 3 décamètres carrés 4 mètres carrés 7 décimètres carrés de terrain. Écrivez en un seul nombre, en prenant le mètre carré pour unité, la quantité de terrain labourée.

1083. Écrivez en seul nombre, en prenant l'are pour unité, 2 kilomètres carrés 5 hectares 23 ares 6 décimètres carrés.

1084. Dans un nombre de mètres carrés, que représentent le 3e et le 5e chiffre à gauche de la virgule ? que représentent le 2e et le 6e chiffre à droite de cette même virgule ?

1085. On a un nombre qui exprime des mètres carrés et des

1. L'Élève n'oubliera pas que les unités de surface sont de *cent* en *cent* fois plus grandes les unes que les autres. Ainsi un mètre carré vaut 100 décimètres carrés ; un décamètre carré , 100 mètres carrés ; un décimètre carré, 100 centimètres carrés, et ainsi de suite. Il faut par conséquent deux chiffres pour représenter chacune de ces unités.

parties de mètre carré. Indiquez quels sont, dans ce nombre, les chiffres qui représentent 1° les décimètres carrés ; 2° les centimètres carrés ; 3° les décamètres carrés ; 4° les kilomètres carrés ; 5° les hectares.

1086. Quelle différence y a-t-il entre 50 mètres carrés et un demi-décamètre carré ? entre 50 décimètres carrés et un demi-mètre carré ? entre 50 décamètres carrés et un demi-hectare ?

1087. Dans les nombres 3100098300 mèt. car. 002163 et 906000027 mèt. car. 410009, quelles sont les unités présentes et quelles sont celles qui manquent.

1088. Quelle est la valeur de 3 mètres carrés en millimètres carrés ? et quelle est celle de 5 décamètres carrés en décimètres carrés ?

1089. Dites, en mètres carrés, la valeur de 7 kilomètres carrés, et en décamètres carrés la valeur de 102000 décimètres carrés.

1090. Quelle est, en hectomètres carrés, la valeur de 6 myriamètres carrés ? et en centimètres carrés celle de 3 décamètres carrés ?

1091. Combien 13 millions de centimètres carrés font-ils de décamètres carrés ?

1092. Dites, en hectomètres carrés, la valeur de 25 millions de centimètres carrés ?

1093. Combien 25 mètres carrés valent-ils de centiares ? et combien 7 décamètres carrés valent-ils d'ares ?

1094. Combien vingt-huit hectomètres carrés valent-ils d'hectares ? et combien un hectare vaut-il 1° d'ares ? 2° de centiares ?

1095. Quelle est la valeur de 39 kilomètres carrés 1° en centiares ? 2° en ares ? 3° en hectares ?

1096. Combien 16 hectares valent-ils : 1° de centimètres carrés ? 2° de décimètres carrés ? 3° de mètres carrés ? 4° de décamètres carrés ?

1097. Quelle différence y a-t-il : 1° entre 13 ares et 13 décamètres carrés ? 2° entre 34 hectares et 34 hectomètres carrés ? 3° entre 9 centiares et 9 mètres carrés ?

1098. Si vous aviez à choisir entre un dixième de mètre carré et un décimètre carré, lequel prendriez-vous ?

1099. On a deux champs qui contiennent, l'un 45 ares, l'autre 4500 centiares. Lequel des deux est le plus grand?

1100. Pour un jardin de 3 dixièmes d'hectare, un voisin en cède un autre de même qualité contenant 30 décamètres carrés. L'échange est-il juste?

1101. Un dixième de mètre carré est-ce la même chose qu'un décimètre carré?

L'Élève convertira les quantités inscrites dans la colonne 1 de ce tableau en unités dont les noms sont indiqués dans les colonnes 2, 3, 4, 5, 6. 7 et 8 [1].

1102.

1	Kilomètre carré. 2	Hectom. carré ou hectare. 3	Décamètre carré ou are. 4	Mètre carré ou centiare. 5	Décimètre carré 6	Centim. carré. 7	Millim. carré. 8
Myriamètre carré. . .							
Kilomètre carré. . . .							
Hectom. carré ou hectare.							
Décam. carré ou are. .							
Mètre carré ou centiare.							
Décimètre carré. . .							
Centimètre carré. . .							
Millimètre carré. . . .							

1103. Dix-sept hectares 8 ares plus 45716 centiares font combien d'ares?

1104. On a un champ qui contient 138 décamètres carrés. Quelle en sera la contenance si on lui ajoute 3615 centiares?

1105. Quel nombre d'ares obtiendriez-vous si, à 8 dixièmes

1. Les Élèves feront bien d'étudier ce tableau lorsqu'il sera convenablement rempli.

d'hectare, vous ajoutiez deux millièmes de myriamètre carré plus 4 millions de centimètres carrés ?

1106. Un oncle possède 5 pièces de pré qui contiennent : la 1re deux hectares 7 ares 4 centiares ; la 2e 145 décamètres carrés ; la 3e 1 dixième de kilomètre carré ; la 4e 75 centièmes d'hectomètre carré, et la 5e 1375 décimètres carrés. Quelle est en ares la contenance des cinq pièces de pré ?

1107. Un horticulteur a partagé son jardin en 4 parties qui contiennent : la 1re 5145 décimètres carrés ; la 2e 90540 centimètres carrés ; la 3e 8 millions 5 mille 245 millimètres carrés, et la 4e 16 mètres carrés 855 millimètres carrés. Quelle est l'étendue de ce jardin en ares ?

1108. Trouver, en centiares, la somme des nombres suivants : 31 mètres carrés ; 145 décimètres carrés ; trente-huit ares 5 dixièmes, et 9 centièmes d'hectomètre carré.

1109. Quelle est 1o en ares, 2o en centiares, la surface d'un champ d'une étendue de 7 dixièmes de kilomètre carré plus 32 ares 4 centièmes ?

1110. On demande la surface d'une cour qui contient trois mètres carrés 6 centimètres carrés plus seize centiares plus 3457 décimètres carrés plus 4 dixièmes d'are ?

L'Élève mettra dans les colonnes 1, 2, 3, 5, 6, 7 et 8 du tableau ci-dessous la valeur en myriamètre carré, en kilomètre carré, en hectares, etc., de la quantité inscrite dans la colonne 4.

1111.

Myriamètre carré.	Kilomètre carré.	Hectom. carrés ou hectares.	Décamèt. carrés ou ares.	Mètres carrés ou centiares	Décimètres carrés.	Centimètres carrés.	Millimètres carrés.
1	2	3	4	5	6	7	8
			1515,7568				

1112. Que .faudrait-il ajouter d'ares à 17453 mètres carrés pour avoir 3 hectares 9 ares ?

1113. Il manque à Jules quarante-trois ares 7 décimètres carrés de terre pour en avoir 5 dixièmes d'hectomètre carré : combien possède-t-il de centiares de terre ?

1114. Dites quel est le plus grand de deux champs qui contiennent, le 1er 457 mètres carrés 8 décimètres carrés, le 2e 75 cent-millièmes de kilomètre carré.

1115. Paris, capitale de la France, a une superficie d'à peu près sept cent mille ares ; celle de Londres, capitale de l'Angleterre, étant d'environ 100 kilomètres carrés, on demande de combien de décamètres carrés il s'en faut que la superficie de Paris soit la même que celle de Londres.

1116. La surface de l'Europe est d'environ 9 millions 674 mille 248 kilomètres carrés, et celle de la France, de cinq billions 423 millions 967 mille 400 ares. De combien d'hectares l'étendue de l'Europe surpasse-t-elle celle de la France ?

1117. La superficie du département de l'Yonne est de sept cent trente-six mille 916 hectares, et celle du département du Nord, de 5679 kilomètres carrés. Quelle est, en centiares, la différence de ces deux étendues ?

1118. A raison de 49 centimes le mètre carré de vigne, quel serait le prix de deux hectares sept dixièmes ?

1119. Quelle est la valeur de 7 hectares 8 centièmes plus 129 décamètres carrés de terre au prix de 19 fr. 50 l'are ?

1120. Sachant que le mètre carré d'un terrain vaut 0 fr. 96, on demande le prix de 3 millions 457 mille 675 centimètres carrés de ce terrain ?

1121. Un propriétaire achète 32 ares 25 centiares plus 344 mètres carrés de vigne à raison de 40 centimes le centiare. Que doit-il ?

1122. Un cultivateur possède 4 pièces de terre qui contiennent : la 1re cent vingt-trois ares ; la 2e 15 centièmes de kilomètre carré ; la 3e 4 hectares 6 mètres carrés, et la 4e 21 mille centiares. Quelle est la valeur du tout, si l'are est estimé 37 fr. 20 ?

L'Élève mettra dans les colonnes 1, 2, 3, 4, 6, 7 et 8 de ce tableau le prix des unités qui y sont contenues, en se basant sur celui du mètre carré qui est indiqué dans la colonne 5.

1123.

Myriamètre carré.	Kilomètre carré.	Hectom. carré ou hectare.	Décam. carré ou are.	Mètre carré ou centiare.	Décimètre carré.	Centimètre carré.	Millimètre carré.
1	2	3	4	5	6	7	8
				0,27			

1124. Huit hectares 704 millièmes de luzerne ont coûté 17451 fr. 52. A combien reviennent ainsi 1° le kilomètre carré ? 2° l'are ? 3° le mètre carré ?

1125. Diviser 1045 fr. 80 par 41 ares 5 dixièmes et obtenir au quotient le prix du mètre carré.

1126. On a arpenté un champ trois fois et l'on a trouvé les résultats suivants : première fois, 39 ares 26 centiares; seconde fois, 3919 mètres carrés; troisième fois, 39 décamètres carrés 3555 décimètres carrés. Quelle est, si l'on prend la moyenne, la surface du champ ?

1127. Combien y a-t-il de décamètres carrés dans 37 mille 4 mètres carrés ? Combien d'ares dans 67 millions 540 mille centimètres carrés ? et quel est le prix de l'are, si le tout vaut 13127 fr. 40 ?

1128. Diviser 16920 fr. par 1128 ares et obtenir au quotient le prix du décimètre carré ?

1129. Quel est le prix du centiare, lorsque le kilomètre carré vaut 20 millions de francs ?

3° Mesures de volume ou de solidité.

OBSERVATION. — *Le stère est la même chose que le mètre cube; mais ses unités secondaires se contiennent de 10 en 10. (Voir la note du bas.)*

L'Élève résoudra les questions suivantes après avoir écrit les nombres en chiffres [1].

1130. Combien le mètre cube vaut-il : 1° de décimètres cubes? 2° de centimètres cubes? 3° de millimètres cubes?

1131. Combien l'hectomètre cube vaut-il : 1° de décamètres cubes? 2° de mètres cubes? 3° de décimètres cubes? 4° de centimètres cubes? 5° de millimètres cubes?

1132. Dites ce que le myriamètre cube vaut 1° de kilomètres cubes; 2° d'hectomètres cubes; 3° de décamètres cubes; 4° de mètres cubes.

1133. Qu'est-ce que le décimètre cube par rapport au mètre cube? le mètre cube par rapport au décamètre cube? le centimètre cube par rapport au mètre cube? le décimètre cube par rapport à l'hectomètre cube?

1134. Que représente le 3ᵉ chiffre décimal d'un nombre dont la partie entière exprime des mètres cubes? Que représentent le 6ᵉ et le 9ᵉ chiffre décimal de ce nombre?

1135. Que représente le 6ᵉ chiffre décimal d'un nombre dont la partie entière exprime des décamètres cubes?

1136. Que représente le 6ᵉ chiffre décimal d'un nombre dont la partie entière exprime des décimètres cubes?

1137. Quelle est la valeur de 5 mètres cubes en millimètres cubes? Quelle est celle de 4 décamètres cubes en décimètres cubes?

1. Les Élèves ne perdront pas de vue que les unités secondaires du mètre cube sont de *mille en mille fois* plus grandes les unes que les autres. Ainsi le mètre cube vaut 1000 décimètres cubes; le décimètre cube, 1000 centimètres cubes; le décamètre cube, 1000 mètres cubes, etc. Il faut par conséquent trois chiffres pour représenter chacune de ces unités.

1138. Quelle est, en mètres cubes, la valeur de 8 kilomètres cubes ? et combien trois myriamètres cubes valent-ils de décamètres cubes ?

1139. Dites, en mètres cubes, la valeur de 640 mille décimètres cubes, et en décamètres cubes celle de 13 millions de décimètres cubes.

1140. Combien 17 milliards de centimètres cubes font-ils de décamètres cubes ? et quelle est la valeur de 254 centimètres cubes en mètre cube ?

1141. Dans un nombre décimal de mètres cubes, que représentent le 4e et le 7e chiffre à gauche de la virgule ? que représentent le 3e et le 6e chiffre à droite de cette même virgule ?

1142. On a un nombre qui exprime des mètres cubes et des parties de mètre cube. Indiquez quels sont, dans ce nombre, les chiffres qui représentent : 1° les décamètres cubes ; 2° les kilomètres cubes ; 3° les décimètres cubes ; 4° les millimètres cubes.

1143. On a enlevé, pour faire un canal, 1 kilomètre cube, 2 hectomètres cubes, 3 décamètres cubes, 7 mètres cubes, 18 décimètres cubes et 45 centimètres cubes de terre. Écrivez en un seul nombre, en prenant le mètre cube pour unité, le volume de terre enlevé.

1144. Combien trente-deux mètres cubes valent-ils de stères ? et combien 17 stères valent-ils de décimètres cubes ?

1145. Quelle différence y a-t-il : 1° entre un décamètre cube et un décastère ? 2° entre un décimètre cube et un décistère ?

1146. Combien faut-il de millimètres cubes pour faire un décistère ? et de décistères pour faire un décamètre cube ?

1147. Si vous prenez pour unité le décastère, quel sous-multiple du stère exprime le 3e chiffre décimal ?

1148. Si vous aviez à choisir entre un décistère et un dixième de mètre cube, lequel prendriez-vous ?

1149. Si vous aviez à choisir entre un décimètre cube et un décistère de bois, lequel prendriez-vous ?

1150. Quelle est, en décistères, la valeur de 7 décamètres cubes ? et en décimètres cubes la valeur de 45 décistères ?

1151. Combien 8 centistères valent-ils de millimètres cubes ?

et combien 28 millions de millimètres cubes valent-ils de décistères ?

1152. Nommez, en commençant par la plus petite, les mesures de volume *effectives*.

1153. Faire connaître la différence qui existe : 1° entre un décastère et un décamètre cube ; 2° entre un décistère et un décimètre cube.

1154. Quelle différence y a-t-il entre 500 décimètres cubes et un demi-stère ? entre 500 stères et un demi-décamètre cube ? entre 500 centimètres cubes et un demi-décimètre cube ?

1155. Dans les nombres 3000076 mètres cubes 000000127 et 4019000 mètres cubes 024000, quelles sont les unités présentes et quelles sont celles qui manquent ?

L'Élève convertira les quantités inscrites dans la colonne 1 de ce tableau en unités dont les noms sont indiqués dans les colonnes 2, 3, 4, 5, 6 et 7 [1].

1156.

1	Hectomètre cube. 2	Décamètre cube. 3	Mètre cube ou stère. 4	Décimètre cube ou litre. 5	Centimètre cube. 6	Millimètre cube. 7
Kilomètre cube.						
Hectomètre cube. . . .						
Décamètre cube.						
Mètre cube ou stère. . .						
Décimètre cube ou litre.						
Centimètre cube. . . .						
Millimètre cube.						

1. Les Élèves étudieront ce tableau lorsqu'il sera convenablement rempli.

1157. 19 décamètres cubes plus 28 mille décimètres cubes font combien de mètres cubes?

1158. Combien aurait-on de mètres cubes si, à 39 stères, on ajoutait 23 décistères plus 45 mille centimètres cubes?

1159. Quel nombre de décimètres cubes obtiendriez-vous si, à trois dixièmes d'hectomètre cube, vous ajoutiez 13 cents décistères plus 15 millions de millimètres cubes?

1160. Exprimez, en mètre cube, la valeur de 4 dixièmes de décistère plus 171 millions de millimètres cubes.

1161. On a deux blocs de marbre qui contiennent : le premier 5 dix-millièmes de décamètre cube; le second 43 décimètres cubes. Quel est, en mètre cube, le volume de ces deux blocs?

1162. Un carrier a extrait trois blocs de pierre ayant les volumes suivants : le premier 37 dixièmes de mètre cube; le second 1012 décimètres cubes, et le troisième 2 millionièmes d'hectomètre cube. On demande, en mètres cubes, le volume de ces trois blocs.

1163. Un tonnelier a fabriqué un fût d'une capacité de 140 décimètres cubes 8 dixièmes, et un autre de 223 litres 2 dixièmes. Dire, en hectolitres, la quantité de vin qu'on aurait s'ils en étaient pleins tous deux.

1164. Trouver, en litres, le volume des quantités suivantes: 100 mille centimètres cubes; 28 dixièmes de mètre cube; 4 dix-millièmes de kilomètre cube et 34 décistères.

1165. Quel est, en décistères, le volume des quantités ci-après : 7 centièmes d'hectomètre cube, 81 millièmes de décamètre cube, 53 décimètres cubes, 6 billions de millimètres cubes, et 21 dixièmes de décastère?

1166. Que faudrait-il ajouter de centimètres cubes à 3 décistères pour avoir 1319 décimètres cubes?

1167. Combien faudrait-il ajouter de décistères à 980 décimètres cubes pour avoir 2 décastères 5 centièmes?

1168. On a deux pièces de bois qui contiennent, l'une 1 décistère, l'autre 100 décimètres cubes. Laquelle est la plus grosse?

1169. Il manque à un maçon 673 décimètres cubes de

moellons pour en avoir 11 millièmes de décamètre cube : combien a-t-il de mètres cubes de moellons ?

1170. Quelle est la plus grosse de deux piles de bois qui contiennent, la première 4 décastères 75 décimètres cubes, la seconde 1536 centistères 9 dixièmes ?

1171. Si l'on ajoutait deux millièmes de kilomètre cube à une masse de terre, on aurait un volume de 43 hectomètres cubes 8 centièmes. Quel est, en mètres cubes, le volume de cette masse ?

1172. Un ingénieur, qui avait calculé qu'il faudrait 7 décamètres cubes 8 centièmes de terre pour combler une vallée, s'aperçoit qu'il s'est trompé en trop de 16756 décimètres cubes. Quel est, d'après cela, le volume de terre nécessaire au remblai ?

L'Élève mettra dans les colonnes 1, 2, 3, 5, 6 et 7 du tableau ci-dessous la valeur en kilomètre cube, en hectomètre cube, décamètres cubes, etc., de la quantité inscrite dans la colonne 4,

1173.

Kilomètre cube.	Hectomètre cube.	Décamètres cubes.	Mètres cubes ou stères.	Décimètres cubes ou litres.	Centimètres cubes.	Millimètres cubes.
1	2	3	4	5	6	7
			2452,4568			

1174. A raison de 7 fr. 50 le mètre cube de fumier, quel est le prix de 9 centièmes de décamètre cube plus 12040 décimètres cubes de fumier ?

6.

1175. Quelle est la valeur de 29 mille 500 centimètres cubes de buis, au prix de 55 centimes le décimètre cube ?

1176. Un carrier a extrait trois blocs de pierre ayant les volumes suivants : le premier 39 dixièmes de mètre cube ; le second 1315 décimètres cubes, et le troisième 2 millionièmes d'hectomètre cube. Sachant que le mètre cube coûte 26 fr. 55, on demande la valeur totale de ces trois blocs.

1177. Un charpentier achète 13 stères plus 3 demi-décastères plus 5 doubles stères plus 1415 décimètres cubes plus 125 décistères de bois, à raison de 4 fr. 25 le décistère. Que doit-il ?

1178. Un maître maçon achète 9 millièmes de décamètre cube plus 1500 décimètres cubes plus 31 millionièmes d'hectomètre cube plus 170 millions de centimètres cubes de pierre au prix de 22 fr. 50 le mètre cube. Que doit-il ?

L'Élève mettra dans les colonnes 1, 2, 3, 5, 6 et 7 du tableau ci-dessous le prix des unités qui y sont contenues, en se basant sur celui du mètre cube, qui est indiqué dans la colonne 4.

1179.

Kilomètre cube.	Hectomètre cube.	Décamètre cube.	Mètre cube ou stère.	Décimètre cube ou litre.	Centimètre cube.	Millimètre cube.
1	2	3	4	5	6	7
			2145,245			

1180. Diviser 18119 fr. 20 par 51 mètres cubes 4 centièmes et obtenir au quotient le prix du centimètre cube.

1181. Un propriétaire a fait abattre et débiter 53 arbres qui ont fourni chacun 22 décistères 8 centistères, et 35 autres qui ont donné ensemble 6 décastères 825 millièmes. Le décistère ayant été vendu 5 fr. 25, on demande la valeur moyenne d'un arbre.

1182. On a mesuré une pile de bois trois fois, et l'on a trouvé les résultats suivants : première fois, 46 stères 8 dixièmes ; seconde fois, 465 dix-millièmes de décamètre cube ; troisième fois, 46 mille 620 décimètres cubes. Quel est, en prenant la moyenne, le volume de la pile ?

1183. En admettant que trois litres de pommes donnent un litre de cidre, on demande la quantité de cidre qu'on retirera de 3 mètres cubes 8 dixièmes plus 14 millions de centimètres cubes de pommes.

4° Mesures de capacité [1].

OBSERVATION. — *Le litre n'est rien autre chose qu'un décimètre cube. Le mètre cube vaut conséquemment 1000 litres.*

L'Élève résoudra les questions suivantes après avoir écrit les nombres en chiffres.

1184. Combien le litre vaut-il : 1° de décilitres ? 2° de centilitres ? 3° de millilitres ?

1185. Combien le décalitre vaut-il : 1° de litres ? 2° de décilitres ? 3° de centilitres ? 4° de millilitres ?

1186. Dites ce que le myrialitre vaut : 1° de décalitres ; 2° de décilitres ; 3° de centilitres.

1187. Énoncez séparément et en litres les capacités suivantes : 1° 316 hectolitres ; 2° 7 kilolitres 24 décalitres ; 3° 4015 millilitres.

---

1. Le myrialitre, le kilolitre et le millilitre ne sont pas des mesures effectives ; ces dénominations n'ont été employées dans cet ouvrage que comme exercices de calcul.

1188. Faites connaître la valeur de 3 doubles décalitres 1° en décilitres ; 2° en millilitres.

1189. Quelle est, en hectolitres, la valeur de 100 mille 40 centilitres ?

1190. Quelle est la valeur de 37 demi-hectolitres 1° en litres ? 2° en hectolitres ? 3° en centilitres ?

1191. Énoncez séparément et en décimètres cubes les contenances suivantes : 1° 24 hectolitres 8 litres ; 2° 2 myrialitres 29 centièmes ; 3° 17 mille 5 millilitres.

1192. Qu'est-ce que le litre par rapport au décalitre ? Le décalitre par rapport au kilolitre ? Le centilitre par rapport au décilitre ? Le décilitre par rapport au myrialitre ?

1193. Qu'est-ce que le centimètre cube par rapport au litre ? Le décimètre cube par rapport au double décalitre ? Le mètre cube par rapport au myrialitre ?

1194. Quelle unité représente le second chiffre décimal d'un nombre dont la partie entière exprime des litres ?

1195. Que représentent le deuxième, le quatrième et le sixième chiffre décimal d'un nombre dont la partie entière exprime des kilolitres ?

1196. Quelle partie du litre exprime le 4e chiffre décimal d'un nombre dont la partie entière représente des mètres cubes ?

1197. Si vous prenez pour unité le décimètre cube, quel sous-multiple du litre exprimera le second chiffre décimal ?

1198. Si vous prenez pour unité le mètre cube, quel multiple du litre exprimera le second chiffre décimal ?

1199. Combien 7 centièmes de myrialitre valent-ils de décalitres ? et combien 60 mille 20 centimètres cubes valent-ils de litres ?

1200. Quelle différence y a-t-il entre 3 décimètres cubes et 3 litres ? entre 10 centimètres cubes et un centilitre ?

1201. Nommez, en commençant par la plus petite, la série des mesures de capacité *effectives* ou *autorisées*, et faites connaître en même temps la valeur de chacune d'elles en décimètres cubes.

1202. On a un nombre qui exprime des litres et des parties de litre. Indiquez quels sont, dans ce nombre, les chiffres qui représentent : 1° les décilitres ; 2° les kilolitres ; 3° les décalitres ; 4° les centilitres.

L'Élève convertira les quantités inscrites dans la colonne 1 de ce tableau en unités dont les noms sont indiqués dans les colonnes 2, 3, 4, 5, 6, 7 et 8 [1].

1203.

1	Kilolitre. 2	Hectolitre. 3	Décalitre. 4	Litre. 5	Décilitre. 6	Centilitre. 7	Millilitre. 8
Myrialitre. . . .							
Kilolitre. . . .							
Hectolitre. . . .							
Décalitre. . . .							
Litre.							
Décilitre.. . . .							
Centilitre. . . .							
Millilitre. . . .							

1204. Dites la valeur en kilolitre de 245 centilitres plus 4 hectolitres 9 décalitres plus 136 décilitres.

1205. Quelle est, en décilitres, la valeur de 3019 demi-litres plus 452 doubles décalitres ?

1206. Faites connaître, en centimètres cubes, la valeur de 146 doubles décalitres plus 17 demi-hectolitres plus 135 demi-litres.

1207. Quelle est, en mètres cubes, la valeur de 3 myrialitres 9 centièmes plus 225 décalitres 56 décilitres ?

1208. Combien 31 mille 675 centimètres cubes plus 2 hectolitres 65 décilitres font-ils de centilitres ?

1. Les Élèves devront étudier ce tableau lorsqu'il sera convenablement rempli.

1209. 27 décalitres 6 centilitres plus 3250 centimètres cubes plus 5 centièmes de myrialitre font combien d'hectolitres ?

1210. Combien aurait-on de doubles décalitres si, à 813 décimètres cubes, on ajoutait 28 centièmes de mètre cube plus 41 hectolitres 4 décilitres ?

1211. Quel nombre de décilitres obtiendriez-vous si vous ajoutiez 2045 centimètres cubes à 2 kilolitres 23 centièmes ?

1212. Exprimez, en hectolitre, la valeur de 4 centièmes de mètre cube plus 315 décilitres plus 50 demi-litres.

1213. On a deux fûts qui contiennent, le premier 2 hectolitres 4 centilitres, le second 203 mille 60 centimètres cubes. Quelle est, en litres, la capacité de ces deux fûts ?

1214. Un tonnelier a fabriqué 3 tonneaux ayant les capacités suivantes : le premier 3 millièmes de myrialitre ; le second 14 doubles décalitres ; le troisième 179 décimètres cubes 25 centièmes. On demande en hectolitres la contenance des trois tonneaux.

1215. Que faudrait-il ajouter de centimètres cubes à 8 dixièmes d'hectolitre pour avoir 13 dixièmes de kilolitre ?

1216. On a deux vases qui contiennent, le premier 1 décalitre 8 décilitres, le second 16007 centimètres cubes. Lequel est le plus grand, et de combien de litres ?

1217. Il s'en faut de 4 dixièmes de décimètre cube qu'un seau soit aussi grand qu'un autre dont la capacité est de 14 centièmes d'hectolitre. Quelle est, en litres, la contenance du plus petit ?

1218. Si l'on ajoutait 2 centièmes de kilolitre à 3 centièmes de myrialitre, on aurait la capacité d'un alambic plus 35 décimètres cubes. On demande la contenance de l'alambic.

L'Élève mettra dans les colonnes 1, 2, 3, 5, 6, 7 et 8 du tableau ci-dessous la valeur en myrialitre, en kilolitre, en hectolitre, etc., de la quantité inscrite dans la colonne 4 :

1219.

Myrialitre.	Kilolitres.	Hectolitres.	Décalitres.	Litres.	Décilitres.	Centilitres.	Millilitres.
1	2	3	4	5	6	7	8
			63,265				

1220. A raison de 37 fr. 50 l'hectolitre de vin, quel est le prix de 8 centièmes de kilolitre plus 15 doubles décalitres 7 décilitres ?

1221. Quelle est la valeur de 49 mille centimètres cubes plus 3 décalitres 9 centilitres d'une huile qu'on vend 1 fr. 75 le litre ?

1222. Un cafetier achète un hectolitre 6 centilitres plus 7 doubles décalitres plus 14 mille 40 millilitres plus 3 millièmes de myrialitre de cognac, au prix de 235 fr. l'hectolitre. Que doit-il ?

1223. Sachant que le litre de pétrole coûte 1 fr. 10, on demande le prix de 500 mille centimètres cubes plus 24 centièmes de mètre cube plus 4 hectolitres 8 centilitres de cette substance.

L'Élève mettra dans les colonnes 1, 2, 3, 4, 6, 7 et 8 de ce tableau le prix des unités qui y sont contenues, en se basant sur celui du litre qui est indiqué dans la colonne 5.

1224.

Myrialitre.	Kilolitre.	Hectolitre.	Décalitre.	Litre.	Décilitre.	Centilitre.	Millilitre.
1	2	3	4	5	6	7	8
				2,65			

1225. Quelle est, en doubles décalitres, la valeur de 16 mètres cubes 31 centièmes ?

1226. Combien 4176 décimètres cubes plus 250 demi-litres font-ils de demi-hectolitres ?

1227. Diviser 9740 fr. 25 par 24 mille 50 décilitres, et obtenir au quotient le prix du décalitre.

1228. Quatre pièces de vigne ont fourni, la première 13 cents décalitres de vin ; la deuxième 1 mètre cube 8 litres ; la troisième 25143 décilitres, et la quatrième 15 millions de centimètres cubes. On demande la valeur de la récolte totale, le double décalitre de vin ayant été vendu 7 fr. 25.

1229. En admettant que 9 doubles décalitres de noix donnent 18 litres d'huile, on demande : 1° la quantité d'huile qu'on extraira de 4 mètres cubes 8 centièmes plus 336 doubles litres de noix ; 2° le prix de cette huile, en supposant que le demi-litre se vende 0 fr. 85.

1230. Trois hectolitres 5 centilitres de vinaigre valent 120 fr. 02. Obtenir le prix du décalitre par une seule opération.

5° Poids.

OBSERVATION.— *Nous rappellerons ici que le gramme est le poids d'un centimètre cube d'eau distillée, et que, par conséquent, un litre d'eau pure pèse 1 kilogramme.*

L'Élève résoudra les questions suivantes après avoir écrit les nombres en chiffres.

1231. Combien le gramme vaut-il : 1° de décigrammes ? 2° de centigrammes ? 3° de milligrammes ?

1232. Combien le décagramme vaut-il : 1° de grammes ? 2° de décigrammes ? 3° de centigrammes ? 4° de milligrammes ?

1233. Dites ce que le kilogramme vaut : 1° d'hectogrammes ; 2° de décagrammes ; 3° de grammes ; 4° de centigrammes.

1234. Dites ce que le myriagramme vaut : 1° de kilogrammes ; 2° de décagrammes ; 3° de décigrammes ; 4° de milligrammes.

1235. Énoncez, séparément et en grammes, les poids suivants : 1° 4 kilogrammes ; 2° 3 quintaux ; 3° 2 tonnes [1].

1236. Quelle est, en décagrammes, la valeur de deux myriagrammes 4 hectogrammes 25 décigrammes ?

1237. Combien 543 hectogrammes valent-ils : 1° de grammes ? 2° de myriagrammes ? 3° de décigrammes ?

1238. Quelle est la valeur de 9 quintaux 5 dixièmes 1° en décagrammes ? 2° en kilogrammes ? 3° en myriagrammes ?

1239. Dites, en hectogrammes, la valeur d'une tonne 3 centièmes.

1240. Qu'est-ce que le gramme par rapport au décagramme ? le décagramme par rapport au kilogramme ? le centigramme par rapport au décigramme ? le milligramme par rapport au décagramme ?

1241. Qu'est-ce que le décagramme par rapport au kilogramme ? l'hectogramme par rapport au quintal ? le myriagramme par rapport à la tonne ?

1. Le *quintal* est un poids de 100 kilogrammes, et la *tonne* ou *tonneau*, un poids de 1000 kilogrammes.

1242. Que représente le premier chiffre décimal d'un nombre dont la partie entière exprime des myriagrammes ? Que représentent le troisième et le cinquième chiffre décimal ?

1243. Que représentent le second et le quatrième chiffre décimal d'un nombre dont la partie entière exprime des hectogrammes ?

1244. Que représentent le troisième et le sixième chiffre décimal d'un nombre dont la partie entière exprime des quintaux ?

1245. Que représentent le deuxième, le cinquième et le septième chiffre décimal d'un nombre dont la partie entière exprime des tonnes ?

1246. Si vous prenez pour unité le décigramme, quel multiple du gramme exprimera le quatrième chiffre de droite à gauche ?

1247. Si vous prenez pour unité le quintal, quel sous-multiple du kilogramme exprimera le cinquième chiffre décimal ?

1248. Combien 6 dixièmes de quintal valent-ils de décagrammes ? et combien 26 millions de décigrammes valent-ils de tonneaux ?

1249. Quelle est, en volume et en capacité, la quantité d'eau qui pèse 1 gramme ?

1250. Quelle est, en volume et en capacité, la quantité d'eau qui pèse 1 kilogramme ?

1251. Quel est le poids d'un décalitre d'eau pure ? Quel est le poids d'un mètre cube d'eau pure ? et quel est celui d'un décimètre cube ?

1252. Combien faudrait-il d'hectolitres d'eau pour faire équilibre à 19 quintaux 8 kilogrammes ?

1253. Faites connaître, en décimètres cubes et en centimètres cubes, la quantité d'eau pure qui pèse 17 hectogrammes ?

1254. Dans un nombre de grammes, que représentent le deuxième et le quatrième chiffre à gauche de la virgule ? que représentent le premier et le troisième chiffre à droite de cette même virgule ?

1255. Dans les nombres 1080067 gr.,016 et 3907040 gr.,805, quelles sont les unités présentes et quelles sont celles qui manquent ?

1256. Une barre de fer pèse 2 myriagrammes 4 hectogrammes 8 grammes 1 décigramme 5 milligrammes. Écrivez en un seul nombre, en prenant le gramme pour unité, le poids de la barre de fer.

1257. Nommez, en commençant par le plus petit, la série des poids *effectifs* ou autorisés, et indiquez, en centimètres cubes, la quantité d'eau qui pèse autant que chacun d'eux, à partir du gramme.

L'Élève convertira les quantités inscrites dans la colonne 1 de ce tableau en unités dont les noms sont indiqués dans les colonnes 2, 3, 4, 5, 6, 7, 8, 9 et 10 [1].

1258.

1	Quintal.	Myriagramme.	Kilogramme.	Hectogramme.	Décagramme.	Gramme.	Décigramme.	Centigramme.	Milligramme.
	2	3	4	5	6	7	8	9	10
Tonne ou tonneau.									
Quintal.									
Myriagramme. . .									
Kilogramme . . .									
Hectogramme. . .									
Décagramme. . .									
Gramme.									
Décigramme. . .									
Centigramme. . .									
Milligramme. . .									

1259. Un tonneau vide pèse 25 kilogrammes. On verse de-

1. Les Élèves feront bien d'étudier ce tableau lorsqu'il sera convenablement rempli.

dans 1235 décilitres plus 4 décalitres 92 décilitres plus 9 centièmes de mètre cube d'eau pure. Quel est, après cela, le poids total du tonneau ?

1260. Un épicier, qui a acheté 39 kilogrammes 28 centièmes plus un quintal 7 dixièmes plus 11 cents décagrammes plus 8 kilogrammes 25 décigrammes de sucre, désire connaître en kilogrammes la quantité de sucre qu'il possède.

1261. Quel poids obtiendriez-vous si vous ajoutiez 22 mille 545 centigrammes à 7 centièmes de tonne plus 3 myriagrammes 6 décagrammes ?

1262. Un tonnelier a fabriqué trois tonneaux qui contiennent : le premier 2 millièmes de myrialitre, le second 7 doubles décalitres 4 dixièmes, et le troisième 5 demi-hectolitres. Quelle sera, en quintaux et en décimètres cubes, la quantité d'eau pure qu'il faudra se procurer pour les remplir tous trois ?

1263. Exprimez, en décagrammes, le poids de 8 décalitres 235 centilitres plus 45 centièmes de kilogramme d'eau pure.

1264. Combien obtiendrait-on d'hectogrammes si l'on ajoutait 4 dixièmes de tonne plus 2 myriagrammes 29 millièmes à 32 mille 144 centigrammes ?

1265. Indiquer le plus petit nombre possible de poids dont on devra se servir pour peser, d'un seul coup, 35 kilos 235 de bœuf.

1266. Combien faudra-t-il, *au moins*, employer de poids pour peser, en une seule fois, 13 quintaux plus 19 kilogrammes plus 42 décagrammes plus 8 décigrammes d'une marchandise ?

L'Élève mettra dans les colonnes 1, 2, 3, 4, 5, 6, 8, 9 et 10 du tableau ci-dessous la valeur en tonne, en quintal, en myriagramme, etc., de la quantité inscrite dans la colonne 7.

1267.

Tonne.	Quintal.	Myriagramme.	Kilogramme.	Hectogramme.	Décagramme.	Gramme.	Décigramme.	Centigramme.	Milligramme.
1	2	3	4	5	6	7	8	9	10
						1245,85			

1268. Que faudrait-il ajouter de grammes à 8 kilogrammes 29 centièmes pour avoir 13 centièmes de quintal plus 245 décigrammes ?

1269. Combien faut-il ajouter de kilos à 37 décagrammes 8 décigrammes pour avoir 2509 hectogrammes ?

1270. On a deux vases qui pèsent vides chacun 95 décagrammes 8 décigrammes ; pleins d'eau pure, ils pèsent, le premier 45 hectogrammes, le second 523415 centigrammes. On demande, en décilitres, la différence de capacité des deux vases.

1271. Il s'en faut de 21456 décigrammes qu'un pain de sucre soit aussi lourd qu'un autre dont le poids est de 752 cent-millièmes de tonne : quelle est, en décagrammes, la différence de poids des deux pains ?

1272. Si l'on ajoutait 35 centièmes de myriagramme à 21 centièmes de quintal, on aurait le poids d'un mouton plus 885 décagrammes. On demande, d'après cela, le poids du mouton.

1273. Pour mesurer un vase irrégulier, on le pèse d'abord vide, ensuite plein d'eau : la différence des deux poids donne le volume intérieur du vase. D'après cela, on demande, en litres, la contenance d'un vase qui pèse vide 2 kilos 8 et plein d'eau 15 kilos 825.

1274. Un vase plein d'eau pure pèse 13 kilos 8 ; vide, il ne pèse que 2 kilos 7. Quelle est sa capacité 1º en litres ? 2º en centimètres cubes ?

1275. Un fût vide pèse 27 kilogrammes 35 décigrammes ; plein d'eau distillée, il pèse 2 quintaux 43 centièmes. On en demande la capacité 1º en décalitres ; 2º en décimètres cubes.

1276. A raison de 75 centimes le kilo de sucre, quel est le prix de 8135 décigrammes plus 143 décagrammes de sucre ?

1277. Pour guérir une vache *météorisée*, on lui fait avaler un breuvage composé de 5 grammes d'ammoniaque et 150 grammes d'eau. Quelle serait la dépense pour guérir 20 vaches, le kilo d'ammoniaque coûtant 1 fr. 20 ?

1278. Le bon chocolat se vendant 2 fr. 25 le demi-kilogramme, on demande ce que coûterait un poids de chocolat égal à celui de 2 décimètres cubes 8 dixièmes d'eau pure.

1279. Une fermière achète, pour son ménage, 9 kilos 85 plus 1345675 milligrammes d'huile de noix au prix de 0 fr. 19 l'hectogramme. Quelle somme a-t-elle dépensée ?

1280. Un épicier reçoit trois caisses de savon qui, vides, pèsent ensemble 13 kilos 85 ; pleines, elles pèsent, la première 78 kilos 25 centièmes ; la deuxième 8 myriagrammes 39 millièmes, et la troisième 90 centièmes de quintal. On demande ce que doit l'épicier, sachant que le savon lui est livré au prix de 0 fr. 855 le kilogramme.

L'Élève mettra dans les colonnes 1, 2, 3, 4, 5, 6, 8, 9 et 10 de ce tableau le prix des unités qui y sont contenues, en se basant sur celui du gramme qui est indiqué dans la colonne 7.

1281.

Tonne.	Quintal.	Myriagramme.	Kilogramme.	Hectogramme.	Décagramme.	Gramme.	Décigramme.	Centigramme.	Milligramme.
1	2	3	4	5	6	7	8	9	10
						0f,65			

1282. Diviser 15 fr. 75 par 2 millièmes de tonne et obtenir au quotient le prix du décagramme.

1283. Diviser 105 fr. 133 par 13 kilogrammes 6 décagrammes et obtenir au quotient le prix de l'hectogramme.

1284. Quatre pièces de pré ont fourni, la première 3425 kilos de foin ; la deuxième 29 quintaux 85 hectogrammes ; la troisième 170520 décagrammes, et la quatrième 1 tonne 97 centièmes. On demande la valeur de la récolte, les 100 bottes de 5 kilos 4 chacune ayant été vendues 48 fr. 60.

1285. Un champ de luzerne de 3 hectares 27 a donné : à la première coupe 2943 bottes de fourrage de 5 kilos 5 chacune ; à la seconde coupe, 79 quintaux 134 millièmes. Faire connaître, en kilogrammes et en valeur, le produit de ce champ. On sait que les 100 bottes se vendent 49 fr.

6° Monnaies.

OBSERVATIONS. — 1° Les monnaies d'or et la pièce de 5 fr. en argent contiennent 9 parties d'or pur ou d'argent pur et 1 partie de cuivre, c'est-à-dire qu'elles sont au titre de 0,9. Quant aux pièces d'argent de 2 fr., de 1 fr., de 0 fr. 50 et de 0 fr. 20, elles sont au titre de 0,835, c'est-à-dire qu'elles contiennent 835 parties d'argent pur et 165 parties de cuivre.

2° Les monnaies de bronze sont composées, elles, de 95 parties de cuivre, de 4 parties d'étain et de 1 de zinc.

3° Le cuivre contenu dans les monnaies d'or et d'argent est considéré comme n'ayant pas de valeur : on ne l'allie à ces métaux que pour les rendre plus solides et par là même plus durables.

4° La monnaie d'or vaut, à poids égal, 15 fois 1/2 plus que celle d'argent, et la monnaie de cuivre, 20 fois moins.

5° Le poids d'une pièce d'or est égal à celui d'une somme d'argent de même valeur divisé par 15, 5 ; en d'autres termes, une somme quelconque en or pèse toujours 15 fois 1/2 moins que la même somme en argent [1].

6° Comme il n'est guère possible de donner mathématiquement à toutes les pièces le poids légal, la loi tolère une légère erreur en *plus* ou en *moins*: c'est ce qu'on nomme *tolérance de poids*.

Pièces d'or :	100 fr.	; 50 fr.;	20 fr.;	10 fr.;	5 fr.
Tolérance :	0 gr. 032 ;	0,032;	0,013;	0,0064;	0,0048.
Pièces d'argent :	5 fr.	; 2 fr.;	1 fr.;	0 fr. 50;	0 fr. 20.
Tolérance :	0 gr. 075;	0,05;	0,025;	0,0175;	0,01.

7° Il y a également une *tolérance de titre* qui est de 0,002 en *plus* ou en *moins* pour les monnaies d'or et d'argent.

---

1. Donc, pour avoir le poids de chacune des pièces d'or, il suffit de déterminer le poids d'une même valeur en monnaie d'argent, et de diviser ensuite par 15,5 le résultat obtenu.

Tableau des pièces de monnaie légales en circulation [1].

NOMBRE ET VALEUR DES PIÈCES DE CHAQUE SORTE.		DIAMÈTRE DES PIÈCES.		POIDS DES PIÈCES.	
Or (5 pièces)...	100 fr.	35 millimèt.		32 gr.	258
	50	28	—	16	129
	20	21	—	6	4516
	10	19	—	3	2258
	5	17	—	1	6129
Argent (5 pièces)..	5 fr.	37 millimèt.		25 grammes.	
	2	27	—	10	—
	1	23	—	5	—
	0 50	18	—	2 gr.	5
	0 20	15	—	1	—
Bronze (4 pièces)..	0 fr. 10	30 millimèt.		10 grammes.	
	0 05	25	—	5	—
	0 02	20	—	2	—
	0 01	15	—	1	—

L'Élève résoudra les questions suivantes :

1286. Combien le franc vaut-il : 1º de décimes ? 2º de centimes ?

1287. Combien, pour faire 1 fr., faut-il : 1º de centimes ? 2º de décimes ?

1288. Énoncez 4 fr. en centimes, et dites ce que 2 fr. 75 font de décimes.

1. On trouve encore dans la circulation quelques pièces de 40 fr.; mais on n'en frappe plus.

1289. Combien devrait-on ajouter de décimes à 937 centimes pour avoir 11 fr. 6 décimes?

1290. Sur 7 fr. 2 décimes, Jacques a dépensé 145 centimes plus 15 décimes plus 2 fr. 054 plus 5 décimes 56 centièmes. Que lui reste-t-il ?

1291. Quelle est, en francs, la valeur totale des sommes suivantes : 248 centimes, 65 décimes 25 centièmes et 755 millièmes de franc ?

1292. Dites le poids d'une pièce de 40 fr.

1293. Quel est le poids total des pièces suivantes : 5 fr., 2 fr., 1 fr., 0 fr. 50 et 0 fr. 20 ? La pièce de 5 fr. est en argent.

1294. On demande le poids total des 4 pièces de monnaie en bronze.

1295. Le tabac coûtant 5 fr. le demi-kilogramme, quel sera le prix d'une quantité de tabac faisant, dans une balance, équilibre à 5 pièces de 2 fr. et 3 de 50 centimes ?

1296. Un fumeur demande du tabac; à défaut de poids, on met dans la balance 9 pièces de 10 centimes, 4 de 5 centimes, 3 de 2 centimes et 4 de 1 centime. Que doit-il, si le kilo de tabac vaut 10 fr. ?

1297. Une personne achète, à raison de 105 fr. le kilogramme, un poids de soie filée égal à celui des 14 pièces de monnaies légales : que doit-elle ?

1298. Faites connaître le poids de 125 fr., 1° en or, 2° en argent, 3° en bronze.

1299. Un porte-monnaie pèse vide 25 grammes. On met dedans 3 pièces de 10 centimes, 7 pièces de 2 fr. et une certaine quantité de pièces de 1 fr. Le porte-monnaie pesant après cela 240 grammes, on demande ce qu'il contient de pièces de 1 fr.

1300. Une bourse, qui pèse vide 17 grammes 5 et pleine de monnaie 1303 grammes, contient le plus possible de pièces de 5 fr. en argent; le surplus du *poids* est représenté par des pièces de 1 fr., de 0 fr. 50 et de 0 fr. 20. Combien cette bourse contient-elle de pièces de chaque sorte?

1301. Quel est, séparément, le poids de l'argent et du cuivre contenus dans chacune des 5 pièces de monnaie d'argent? (Voir 1re *Observation*, page 116).

1302. Quel est, séparément, le poids de l'or et du cuivre contenus dans chacune des 5 pièces de monnaie d'or ?

1303. Quel est, séparément, le poids du cuivre, de l'étain et du zinc contenus dans chacune des 4 pièces de monnaie de bronze ?

1304. Faites connaître le poids total 1° de l'argent pur, 2° du cuivre pur contenus dans 272 pièces de 5 francs, 145 pièces de 2 francs et 179 de 0 fr. 20.

1305. On a placé 27 pièces de 5 francs en argent dans l'un des bassins d'une balance ; combien devra-t-on mettre de pièces de 0 fr. 50 dans l'autre bassin pour rétablir l'équilibre ?

1306. Combien pourrait-on faire de pièces de 5 francs avec un lingot d'argent pur du poids de 1285 gr. 5, et quelle serait la quantité de cuivre qu'on devrait ajouter à ce lingot avant de fabriquer les pièces ?

1307. Avec 2922 gr. 5 d'argent pur on a, après avoir ajouté le cuivre nécessaire, fabriqué un nombre égal de pièces de 0 fr. 50 et de 0 fr. 20. Dites combien de chaque espèce et indiquez leur poids total.

1308. On a 2445 grammes d'or pur. Quel sera le poids de cet or lorsqu'il sera monnayé ? et combien pourra-t-on alors avec lui faire de pièces de 10 francs ?

1309. Combien faudrait-il détruire de pièces de 10 centimes pour se procurer l'étain nécessaire à la fabrication d'une douzaine de cuillers pesant 90 grammes chacune ?

1310. On demande la somme d'argent qui pèse 1° 100 grammes ; 2° un demi-kilogramme ; 3° un kilogramme.

1311. Quelle est, séparément, la valeur d'un kilogramme d'argent pur et d'un kilogramme d'or pur ? On sait que 900 grammes d'argent pur valent 198 fr. 50, et que 900 grammes d'or pur valent 3093 fr. 30 [1].

1312. Une somme de 700 francs est composée en nombre égal de pièces de 0 fr. 50 et de 0 fr. 20. Faites connaître le

1. La loi accorde par kilogramme, pour frais de fabrication des monnaies, savoir : 1 fr. 50 pour celles d'argent et 6 fr. 70 pour celles d'or. Sans cela, 900 grammes d'argent pur vaudraient 200 fr. au lieu de 198 fr. 50 et 900 grammes d'or pur vaudraient 3100 au lieu de 3093 fr. 30.

nombre des pièces de chaque sorte et, séparément, le poids de l'argent et du cuivre contenus dans cette somme.

1313. Avec 976 gr. 95 d'argent pur on a fait 70 pièces de 2 francs et un certain nombre de pièces de 1 franc. Combien de celles-ci ? et quel poids de cuivre a-t-on dû ajouter à l'argent avant de fabriquer les pièces ? (Voir 1re *Observation*, page 116.)

1314. Un homme, qui peut porter 60 kilogrammes, est successivement chargé de ce poids en monnaie d'or, d'argent et de cuivre. Quelle est la valeur totale de la monnaie portée par lui ?

1315. Quel est le poids 1o de l'or pur, 2o de l'argent pur, 3o du cuivre, 4o de l'étain, 5o du zinc contenus dans la totalité des monnaies dont il est question au numéro précédent ? On sait que, dans la somme d'argent, il y a 11250 fr. en pièces de 5 fr.

1316. En 1864, le budget français s'est élevé au chiffre de 1959875025 francs. Quelle serait, en décamètres, la longueur d'une ligne de pièces de 5 francs en argent équivalant à cette somme et placées les unes à la suite des autres, de façon que les diamètres soient sur une même droite ?

1317. La pièce de 5 francs en argent ayant une épaisseur de 2 millimètres et demi, on demande quelle serait la hauteur d'une pile de pièces de 5 francs équivalant au budget du numéro précédent.

1318. On a mis 259 pièces de 50 francs et 173 pièces de 20 francs à la suite les unes des autres et sur une même droite. Que faudrait-il ajouter de pièces de 2 francs à cette ligne pour avoir une longueur de 13 mèt. 774 ?

1319. Quelle est la valeur d'un lingot d'argent pur du poids de 1035 grammes ? et quelle est celle d'un lingot d'or pur de même poids ? (Voir le numéro 1311.)

1320. On a deux masses d'argent pur pesant chacune 112725 grammes. Avec l'une on fait des pièces de 5 francs, et avec l'autre des pièces de 2 francs. Quelle sera, lorsque ces deux masses seront ainsi monnayées, la différence de valeur des pièces produites par elles ? (Voir 1re *Observation*, page 116.)

1321. On demande, en poids et en valeur, la tolérance en poids autorisée sur chacune des 5 pièces d'argent et des 5 pièces d'or. (Voir 6e *Observation*, page 116.)

7° **Problèmes de récapitulation sur le système métrique.**

1322. On obtient 10 litres de bonne encre en faisant bouillir ensemble, pendant 4 à 5 minutes, 500 grammes de noix de galle concassées, à 6 francs le kilo ; 400 grammes de sulfate de fer, à 0 fr. 30 le kilo ; 125 grammes de gomme arabique à 4 fr. le kilo, et 125 grammes de bois de campêche, à 0 fr. 60 le kilo. On laisse ensuite reposer, puis on décante. A combien revient ainsi le litre d'encre ?

1323. On donne 0 fr. 10 à un militaire en remplacement de sa ration de vin qui est de 25 centilitres, et 0 fr. 12 à la place d'une ration d'eau-de-vie de 7 centilitres et demi. D'après cela, quel est le prix 1° du litre de vin ? 2° du litre d'eau-de-vie ?

1324. Le pas accéléré des soldats a une longueur de 0^m 70 ; ils en font 100 à la minute. Combien mettront-ils de temps pour parcourir 28 kilomètres, en supposant qu'ils se reposent 30 minutes en route ?

1325. La Belgique produit annuellement 3694580 tonnes de houille. Évaluer en francs la valeur de ce combustible, sachant que le quintal se vend 1 fr. 25 au sortir de la houillère.

1326. La production de houille de l'Angleterre est par an d'environ 320 millions de quintaux. L'hectolitre de houille pesant 78 kilos 5, on demande d'évaluer cette masse en hecto-litres.

1327. Un fermier achète chaque jour le fumier d'une écurie à raison de 0 fr. 18 par cheval. On demande le prix du mètre cube pesant 750 kilos, sachant qu'un cheval en produit 25 kilos par jour.

1328. Le bois donne en charbon à peu près le tiers de son volume et le cinquième de son poids. Sachant que le stère de chêne pèse 735 kilos et le stère de hêtre 620 kilos, on demande quel sera le rendement total, en volume et en poids, du charbon produit par 6 stères de chaque espèce de bois, et quel sera, en moyenne, le prix de revient du quintal et du double décalitre de charbon. On sait que le stère de chêne coûte 6 fr. 60 et celui de hêtre 5 fr. 20.

1329. Pour rendre les bois plus durables, on les laisse plongés, pendant une vingtaine de jours, dans un bain composé d'eau et de sulfate de cuivre à raison de 4 kilos par hectolitre d'eau. Le sulfate de cuivre valant 85 fr. le quintal, quelle sera la dépense pour sulfater 2500 paisseaux ? On admet qu'il faut, dans ce cas, employer 2 m. cubes 8 d'eau.

1330. Une fontaine fournit 17 centilitres d'eau par seconde. Exprimez en heures le temps qu'elle mettra à remplir un bassin de 3 mètres cubes 9 décimètres cubes.

1331. La lieue ordinaire est de 4 kilomètres. Combien y a-t-il de lieues dans une distance parcourue en 5 heures 30 minutes, à raison de 20 hectomètres par 15 minutes ?

1332. On échange un terrain de 63 ares 21 estimé 0 fr. 35 le mètre carré contre un autre de 1 hect. 5 ares. Quel est le prix de l'are de ce dernier terrain ?

1333. La lumière du soleil nous arrive en 8 m. 13 secondes et parcourt dans ce temps 153624000000 de mètres. On demande, en kilomètres, la vitesse de la lumière par seconde.

1334. Un hectare de terre ensemencé en blé a donné 614 gerbes ; ces gerbes, battues, ont fourni 21 hectolitres de froment pesant 78 kilos chacun. Quel est le poids du blé produit par une gerbe ?

1335. Un sac, du poids de 213 grammes, pèse, quand il est plein de pièces de 5 francs, deux myriagrammes 35 hectogrammes 13 grammes. Combien contient-il de pièces ?

1336. Un vase vide étant sur le plateau d'une balance, on lui fait équilibre avec 3 pièces de 2 francs et 8 de 10 centimes. On le remplit ensuite d'eau pure et, pour rétablir l'équilibre, il faut ajouter 6 fr. 75 en monnaie de bronze. On demande, d'après cela, le poids et la capacité du vase.

1337. La bascule est un instrument de pesage dont on se sert pour les grosses pesées. Elle est disposée de telle sorte que l'objet pesé fait équilibre à un poids 10 fois moindre. Cela posé, on demande le poids d'un ballot de marchandises qui, sur une bascule, fait équilibre à 12 kilos 7.

1338. Un sac de farine fait, sur une bascule, équilibre à deux poids de 5 kilos, 1 de 2 kilos, 3 de 1 kilo, 2 de 2 hectogrammes, 3 de 1 hectogramme et 30 pièces de 10 centimes. Quel est le poids du sac de farine?

1339. On a fait, sur une bascule, équilibre à un baril d'huile avec 2 poids de 2 kilos, 4 poids de 500 grammes et 10 pièces de 5 fr. en argent. Le baril vide pesant 6 kilos 5, quel est le poids de l'huile qu'il contient?

1340. A raison de 3 fr. 50 le mètre carré d'un terrain, quel sera le prix de 28 décimètres carrés 19 centimètres carrés de ce terrain?

1341. Une table a 1 m. 10 de longueur et 0 m. 85 de largeur : quelle en est la surface en centimètres carrés [1] ?

1342. Un jardin de 35 m. 45 de long sur 28 m. 7 de large devrait avoir 15 ares 16415. Que lui manque-t-il de centiares?

1343. Un champ rectangulaire a 235 m. 08 de longueur et 117 m. 25 de largeur. Exprimez en hectares, ares et centiares, la surface de ce champ, et faites-en connaître le prix, sachant que le mètre carré est estimé 0 fr. 22.

1344. Quel est le poids de l'air qui remplit un ballon de 725 litres 85, sachant qu'à volume égal l'eau pèse 770 fois plus que l'air?

1345. Un vase plein d'eau de mer pèse 67 kilos 85 ; vide, il pèse 9 kilos 125. Quelle en est la contenance, la densité de l'eau de mer étant 1, 026 [2] ?

1346. Un vase vide pèse 2 kilos 7; plein d'eau, il pèse 4235 décagrammes. Combien pèserait-il s'il était plein de lait, la densité de ce liquide étant 1,03 ?

1347. Le lait donne en moyenne 15 p. 0/0 de crème et la

1. Pour obtenir la surface de cette table, qui a la forme d'un *rectangle*, il faut multiplier la longueur par la largeur. — On fera de même pour toutes les surfaces dont il est question dans ce paragraphe.

2. On entend par *densité* d'un corps le poids de ce corps divisé par celui d'un égal volume d'eau. Ainsi, quand on dit que la densité de l'eau de mer est 1,026, cela veut dire qu'elle pèse le poids d'un égal volume d'eau multiplié par 1,026 ou, en d'autres termes, qu'elle est une fois et 26 millièmes de fois plus lourde que l'eau.

crême un quart de son poids de beurre. D'après le problème précédent, combien faut-il de litres de lait pour faire un kilogramme de beurre ?

1347 *bis*. 57 décimètres cubes de glace pèsent 53 kilogr. 01. On demande de déterminer la densité de la glace.

1348. On convient de payer 28 fr. 50 l'hectolitre 1/2 de blé pesant 120 kilos. Le blé fourni ne pesant que 76 kilos l'hectolitre, on demande de combien on devra réduire le prix de l'hectolitre et demi.

1349. On offre à un propriétaire de Paris 40000 fr. pour un terrain de 3 ares 25 ; il refuse. Un jury d'expropriation lui alloue 124 fr. par mètre carré : combien a-t-il gagné ou perdu en refusant ?

1350. Un cultivateur refuse de vendre 42 centimes 1/2 le décalitre un tas de pommes de terre de 85 hectolitres. Plus tard, il les vend 1 fr. 10 le double décalitre ; mais il en trouve 275 litres de gâtées. Qu'a-t-il ainsi gagné ou perdu ?

1351. On distribue le contenu d'une pièce de vin de 228 litres dans 294 bouteilles ; 145 d'entre elles contenant 0 litre 75, on demande la capacité de chacune des autres.

1352. Un vigneron a un fût de vin de 176 litres 40 qu'il veut mettre dans des bouteilles contenant, les unes 0 lit. 75, les autres 0 lit. 72. Combien lui faudra-t-il de bouteilles de chaque sorte, s'il en emploie autant des unes que des autres ?

1353. Un fonctionnaire touche 142 fr. 50 tous les mois. Quel est le montant de son traitement annuel, sachant qu'on lui retient, pour pensions civiles, le 20e de ce traitement ?

1354. Il est démontré qu'à partir de 26 mètres de profondeur, profondeur où règne une température invariable de 12 degrés, la chaleur intérieure de la terre augmente à raison de 1 degré par 31 mètres. D'après cela, de quelle profondeur proviennent les eaux du puits artésien de Grenelle (Paris) dont la température est de 23 degrés 75 ?

1355. D'après les données du précédent problème, de quelle profondeur proviendraient des eaux qui auraient une température de 74 degrés ?

1356. On sait que le son parcourt environ 340 mètres par seconde. Cela étant, à quelle distance d'un orage se trouve un individu qui entend le bruit du tonnerre 13 secondes après avoir vu l'éclair ? On considère la transmission de la lumière comme instantanée.

1357. Le savon à lessive se compose à peu près de 10 p. 0/0 de soude, de 60 p. 0/0 de matières grasses et de 30 p. 0/0 d'eau. Faire connaître, d'après cela, le poids de chacune des substances qui entrent dans un quintal de savon à lessive.

1358. L'air que nous respirons étant composé, en volume, de 79 parties d'azote et de 21 d'oxygène, quel est, séparément, le volume de l'azote et de l'oxygène contenus dans 3 hectolit. 8 d'air ?

1359. L'eau pure est composée, en poids, de 8 parties d'oxygène et de 1 d'hydrogène, et, en volume, de 2 d'hydrogène et de 1 d'oxygène. On demande, d'après cela, en volume et en poids, la quantité d'oxygène et d'hydrogène que renferme 1 mètre cube d'eau.

1360. Calculer séparément le poids de l'argent pur et du cuivre qui entrent 1° dans une pièce de 5 fr. ; 2° dans une pièce de 1 fr.

1361. Calculer le poids d'une pièce de 100 fr. en or et, séparément, celui de l'or pur et du cuivre qui la composent.

1362. Quel est le poids d'une somme composée de 50 pièces de 50 fr., 39 de 2 fr., 47 de 0 fr. 50, 28 de 0 fr. 20 et 82 de 0 fr. 10 ? et quel est, séparément, le poids de l'or, de l'argent, du cuivre, de l'étain et du zinc contenus dans cette somme ?

1363. On sait que les objets d'or et d'argent doivent être contrôlés et poinçonnés. Ceux d'argent paient 1 fr. par hectogramme plus 1 décime 1/2 en sus par franc. Combien, d'après cela, doit-on payer pour le contrôle d'une timbale en argent pesant 125 grammes ?

1364. Les objets d'or payant pour le contrôle 20 fr. par hectogramme plus 1 décime 1/2 en sus par franc, on demande ce qu'un bijoutier a payé pour faire poinçonner une chaîne d'or du poids de 31 grammes.

1365. Une jeune fille achète, pour 79 fr. 55, une broche en or du poids de 24 grammes contenant 75 p. 0/0 d'or pur. D'après le numéro précédent, que reste-t-il au bijoutier pour son travail, déduction faite des frais de contrôle et de la valeur de l'or ? On sait que 900 grammes d'or pur valent 3093 fr. 30.

1366. On demande de calculer la valeur de 237 mètres carrés 21 centièmes d'un terrain vendu 1540 fr. les 34 ares 19.

1367. 4 maçons ont recrépi en 12 jours un mur de 235 m. 75 de long sur 2 m. 15 de hauteur. Combien ont-ils reçu chacun , si le mètre carré leur a été payé 0 fr. 45 ?

1368. Un champ de 5 hectares 8 ares 6 centiares, estimé 8590 fr., a été partagé entre 4 frères. Quelle a été, en ares et en valeur, lapart de chacun d'eux ?

1369. Un journalier a béché un jardin de 41 m. 25 de long sur 37 m. 10 de large. Que lui est-il dû à raison de 2 fr. 25 l'are ?

1370. Quel est le prix d'un bloc de marbre de Carrare de 2 m. 6 de longueur sur 1 m. 85 de largeur et 0 m. 95 d'épaisseur, vendu à raison de 2 fr. 45 le décimètre cube [1] ?

1371. Un père de famille achète, au prix de 7 fr. 50 le stère, une pile de bois ayant les dimensions suivantes : longueur 3 m. 25 ; largeur 2 m. 30 ; hauteur 1 m. 25. Que doit-il ?

1372. Un tas de fumier de 4 m. 50 de long sur 3 m. 4 de large et 1 m. 15 de haut a été vendu 165 fr. 84. Quel est le prix du mètre cube ?

1373. Une pile de bois de 20 stères 88 a une longueur de 4 m. 80 et une largeur de 2 m. 90 ; quelle en est la hauteur ?

1374. Le poids d'un corps flottant sur un liquide quelconque est égal au poids du liquide déplacé. D'après cela, quel est le poids d'un morceau de peuplier qui a 1 m. 60 de long sur 0 m. 30 de large, sachant que, mis horizontalement sur l'eau, il s'y enfonce de 0 m. 12 ?

1375. Un tas de bois, de 5 m. 6 de long sur 3 m. 70 de large et 1 m. 85 de haut, est destiné à alimenter 4 cheminées. Combien de temps durera-t-il, si chacune d'elles consomme 45 centièmes de décistère par jour ?

---

1. Pour obtenir le volume de ce bloc, qui est ce qu'on nomme en géométrie un *parallélipipède rectangle*, il faut faire le produit des trois dimensions. — On fera de même pour tous les volumes contenus dans ce paragraphe.

1376. Combien, à raison de 4 fr. 55 par 100 kilos, paiera-t-on pour le transport de 102850 fr. en monnaie d'argent ?

1377. A poids égal, la monnaie d'or vaut 15 fois 1/2 plus que celle d'argent et, par conséquent, une somme en or pèse 15 fois 1/2 moins que la même somme en argent. D'après cela, quel est le poids de 5285 fr. en or, et combien valent 1612 gr. 90 de monnaie d'or ?

1378. Pour carreler une chambre de 5 m. 4 de longueur sur 4 m. 25 de largeur, on emploie des carreaux carrés de 0 m. 16 de côté et coûtant 32 fr. 50 le mille. Combien coûtera ce carrelage, non compris les frais de main-d'œuvre et autres ?

1379. Le territoire d'Auxerre, en 1861, a donné 14836 pièces de vendange de 340 litres chacune. En admettant que l'hectolitre de vendange donne 65 litres de vin, quelle est, à raison de 35 fr. les 136 litres, la valeur du vin récolté cette année-là?

1380. Quel est le prix de 54 décalitres 7 décilitres d'une huile vendue 0 fr. 195 l'hectogramme, sachant qu'un centimètre cube de cette huile pèse 925 milligrammes ?

1381. L'hectolitre de houille pesant 87 kilos 5, quelle somme produira la vente de 298 mètres cubes de houille à 55 fr. la tonne ?

1382. Un hectolitre d'huile d'olive pèse 91 kilos 5 et coûte 240 fr. 50. On demande séparément le prix du kilo et du litre de cette huile.

1383. Un instituteur fait, au prix de 5 fr. 50 les 100 kilos, sa provision de houille pour l'hiver ; il suppose qu'il brûlera, en moyenne, pendant 90 jours, 10 kilos de charbon par jour. On demande : 1° combien il doit acheter de houille ; 2° ce que lui coûtera sa provision ; 3° à combien s'élève la dépense d'une journée.

1384. Une usine à gaz est chargée d'alimenter annuellement 2600 becs pendant 1440 heures. On sait qu'un bec consomme 139 hectolitres de gaz par heure et que la distillation d'un hectolitre de houille en donne 18 m. cub. 54. Combien cette usine consomme-t-elle d'hectolitres de houille par an ?

1385. Une femme achète 7 kilos de groseilles au prix de 0 fr. 45 le kilo pour en faire de la gelée. Ces groseilles fournissent en jus les 0,7 de leur poids. Ce jus, cuit avec un égal poids de sucre coûtant 0 fr. 75 le demi-kilogr., a donné 60 pots de gelée de 150 grammes chacun? Quel est le prix de revient 1º du pot? 2º du kilogramme de gelée?

1386. Un ouvrier a travaillé pendant 3 jours; le premier jour il a fait 8 m. 543 d'ouvrage pour 6 fr. 25; le deuxième 5 m. 981 pour 4 fr. 675, et le troisième 6 m. 576 pour 4 fr. 825. Combien a-t-il reçu? et combien, en moyenne, le mètre d'ouvrage lui a-t-il été payé?

1387. Un terrain de 13 hectares 79 a produit 301 hectolitres de blé qu'on a vendu 35 fr. 15 les 120 kilos. On demande, en blé et en argent, le produit de ce champ par décamètre carré.

1388. Le laiton ou cuivre jaune est un alliage composé de 3 parties de zinc et de 7 de cuivre. Le kilo de cuivre coûtant 2 fr. 70 et celui de zinc 0 fr. 90, on demande le prix d'un kilo de laiton.

1389. Sur 100 kilos, la pierre argilo-calcaire, qui sert à la fabrication du ciment de Vassy, contient 13 kil. 98 de silice, 12 kil. 6 de carbonate de fer, 16 hectogrammes de carbonate de magnésie, 58 décagrammes d'alumine et 0 myriagr. 35 d'eau. Le reste étant du carbonate de chaux, on demande, sur 100 kilos, le poids de cette dernière substance.

1390. Un bois de 35 hectares 7 ares 4 centiares donne 122 stères de bois par hectare. Quelle est la valeur de la coupe, si elle est vendue sur le pied de 16 fr. 40. le stère?

1391. Un cultivateur achète, pour 40 fr. 80, un fût de vin de 136 litres; il verse ce vin dans un autre fût de 212 litres qu'il finit de remplir avec une boisson contenant 30 p. 0/0 de vin pareil au premier. Quel sera le prix du litre de liquide ainsi obtenu?

1392. On demande combien il faut de quintaux de fumier pour couvrir d'une couche de 0 m. 027 d'épaisseur un champ rectangulaire de 85 mètres de longueur sur 75 mètres de largeur, sachant que le mètre cube de fumier pèse 750 kilos.

1393. Le lait renferme environ les 15 centièmes de son poids de crème et la crème à peu près 25 p. 0/0 de son poids de beurre. Combien, à ce compte, retirera-t-on de beurre de 160 kilos de lait?

1394. Un pâtissier achète 15 litres de lait qui pèsent 15 kilos

040. La densité du lait pur étant 1,03, on demande si le lait qu'on lui a livré est pur et, dans le cas contraire, la quantité d'eau qu'il contient.

1395. En admettant que 26 kilos de farine donnent 35 kilos de pain et qu'un décalitre de blé donne 6 kilos de farine, on demande : 1° le nombre d'hectolitres de blé que doit acheter une famille de 6 personnes pour sa nourriture d'une année, si chacune d'elles mange, en moyenne, 70 décagrammes de pain par jour ; 2° la dépense journalière en pain de cette famille, si l'hectolitre de blé coûte 18 fr. 60.

1396. On a reconnu que 100 kilos de foin sec équivalent, pour la nourriture des bestiaux, à 400 kilos de trèfle vert. Un fermier a 12 vaches qui consomment chacune 14 kilos de foin sec par jour. S'il ne leur donnait que 10 kilos de foin, combien devrait-il leur donner en même temps de trèfle vert pour obtenir le même résultat ?

1397. Un épicier fait venir, au prix de 85 fr. les 100 kilos, 3 caisses de savon qui pèsent : la première 210 kilos 7 décagr.; la deuxième 23500 décagrammes, et la troisième 37 centièmes de tonne. Quel est le poids total et quelle est la valeur de ce savon, si les caisses vides pèsent chacune 7 kilos 25 grammes ?

1398. Un épicier a reçu une caisse de chandelles pesant 169 kilos 38 grammes. Le poids de la caisse vide est de 743 décagrammes 8 grammes ; les frais de transport et autres se sont élevés à 10 fr. 95. Combien doit-il revendre le kilo de chandelle pour gagner 40 fr. sur le tout ? On sait qu'il a payé son envoi 210 fr. 8, non compris les frais.

1399. Un honnête ouvrier, qui gagne 2 fr. 25 par jour, prélève sur chaque journée 0 fr. 55 pour payer une dette de 39 fr. 60. Après combien de jours de travail pourra-t-il acquitter sa dette ? et que lui restera-t-il, s'il dépense par jour 1 fr. 45 pour son entretien ?

1400. Un ouvrier laborieux et prévoyant gagne 3 fr. 85 par jour et dépense, pour l'entretien de sa famille et son loyer, 2 fr. 15 par jour. Quelle somme pourra-t-il déposer à la caisse d'épargne à la fin d'une année, s'il se repose les dimanches?

1401. Un ouvrier débauché gagne 4 fr. 85 par jour et dépense 2 fr. 40 pour son entretien plus 0 fr. 25 de tabac et 0 fr. 35 d'eau-de-vie. De plus, il se repose le dimanche et le lundi, et dépense dans ces deux jours 6 fr. 40, non compris sa consommation ordinaire. Faire connaître, au bout de l'année, la situation financière de cet ouvrier, et dire la somme qu'il aurait, s'il ne se fût reposé que les dimanches et s'il eût borné au tabac ses dépenses inutiles.

1402. Une femme, qui dépense 426 fr. 30 par an pour la nourriture de deux vaches, vend chaque jour 22 litres 7 de lait au prix de 0 fr. 16. Quel est annuellement le produit net de ces deux vaches?

1403. Une fermière a nourri pendant 6 mois 1/2 un cochon qui lui coûtait 27 fr. et qui a consommé pendant ce temps, savoir : 300 kilos de son au prix de 0 fr. 10 ; 350 litres de pommes de terre à 9 fr. l'hectolitre, et 2 hectol. 85 d'orge à 1 fr. 55 le décalitre. Tué et vidé, il a pesé 116 kilos 4 décagr. On désire connaître le prix de revient du kilo de viande.

1404. Un cheval consomme par jour 5 litres d'avoine, 6 kilos de foin, 4 kilos 5 de paille et 1 kilo de son. Quelle sera par an la dépense de quatre chevaux, si l'avoine coûte 12 fr. 50 l'hectolitre, le foin 48 fr. les 550 kilos, la paille 4 fr. 50 le quintal, et le son 13 fr. 50 l'hectolitre?

1405. Un négociant vend 4 fr. 25 le kilo de chocolat qui lui coûte 0 fr. 372 l'hectogramme. Il fait ainsi un bénéfice de 66 fr. 25 ; combien a-t-il vendu de kilogrammes de chocolat?

1406. En admettant qu'il faille 50 décagrammes de houblon, valant 2 fr. 80 le kilo, et 45 litres d'orge, valant 1 fr. 65 le décalitre, pour fabriquer un hectolitre de bière, on demande par hectolitre le bénéfice brut d'un brasseur qui vend sa bière 15 fr. 50 l'hectolitre.

1407. Un bec de gaz consomme en moyenne 120 litres de gaz par heure. On demande ce que coûtera le gaz employé à l'éclairage d'une classe d'adultes pendant trois mois, en supposant : 1° que la classe a lieu 20 jours par mois ; 2° qu'il faut quatre becs pour éclairer la salle ; 3° que le mètre cube de gaz coûte 0 fr. 35.

1408. Quelle somme totale recevra-t-on en portant à l'hôtel des monnaies un lingot d'argent au titre de 0,84 et pesant

32 kil. 515, et un lingot d'or du poids de 785 grammes, au titre de 0,75 ? On sait que 900 grammes d'argent pur valent 198 fr. 50 et que 900 grammes d'or valent 3093 fr. 30. [1]

1409. On demande la quantité d'argent qu'il faut unir à 897 grammes de cuivre pour avoir un alliage propre à faire des pièces de 5 fr. Déterminer en francs la somme qu'on obtiendra.

1410. Pour guérir les vins qui tombent au *gras*, on emploie par hectolitre 90 grammes de crème de tartre et 100 grammes de sucre qu'on fait fondre dans un demi-litre de vin bouillant que l'on mélange parfaitement avec le vin malade. On soutire dix jours après. Quel sera, pour guérir 3 fûts de vin gras, de 272 litres chacun, le montant de la dépense ? On sait que la crème de tartre coûte 4 fr. 20 le kilo et le sucre 0 fr. 70 le demi-kilo.

1411. Pour guérir les vins *tournés*, on emploie par hectolitre 25 grammes d'acide tartrique, valant 4 fr. le kilo, que l'on mélange parfaitement avec le vin malade. Quelle sera la dépense pour traiter 12 pièces de vin tourné de 228 litres chacune ?

1412. Afin de détruire les œufs des insectes et pour activer en même temps la végétation, on chaule le blé destiné à l'ensemencement. Avec 30 kil. de chaux, valant 2 fr. 20 le quintal, et 3 kil. 5 de sel, valant 200 fr. la tonne, le tout dissous dans 110 litres d'eau, on peut chauler 8 hectolitres de blé. A combien revient ainsi le chaulage par hectolitre ?

1413. Un fût de 272 litres est plein d'un vin dont la densité est 0,98. Quel est le poids du fût plein, s'il pèse vide 22 kil. 7 ? (Voir la note 2 au bas de la page 123).

1414. Un vase vide pèse 875 grammes ; plein d'eau, il pèse 3 kilos. Que pèserait-il s'il était rempli de lait dont la densité est 1,03 ?

1415. La production du coton, aux États-Unis, est par an

---

1. Quand on dit qu'un lingot d'or ou d'argent est au titre de 0,950, par exemple, cela signifie que, sur 1000 parties de ce lingot, il y en a 950 en or ou en argent pur, ou, en d'autres termes, que ce lingot contient, en or ou en argent fin, les 950 millièmes de son poids total.

d'environ 3887454 balles pesant ensemble 5985645 quintaux 20 centièmes. Quel est, en kilogrammes, le poids moyen d'une balle de coton? et quelle est la valeur de la production annuelle, si le kilo se vend 2 fr. 80 en moyenne?

1416. Le stère de bois de chêne vaut 9 fr. 50 et le stère de bois de peuplier, 3 fr. 50. On demande combien on doit payer 5 stères de bois de chêne et de peuplier mélangés en parties égales.

1417. Un lingot d'argent au titre de 0 fr. 84 pèse 1350 grammes. Combien faudrait-il lui ajouter de cuivre pour le rendre propre à la fabrication de pièces de 0 fr. 20? et quelle somme d'argent pourrait-on faire avec ce lingot?

1418. Deux marchands ont fait un échange: la premier a donné 5 pièces de soie, de 25 m. 45 chacune, à 7 fr. 85 le mètre, et 7 pièces de percale, de 32 m. 50, à 1 fr. 15; le deuxième a donné, lui, 4 pièces de drap, de 20 mètres 40 chacune, à 13 fr. 90 le mètre, et 9 pièces de calicot, de 27 m. 35, à 0 fr. 95. Dire quel est celui des deux marchands qui est redevable et de combien.

1419. Les frais de transport du fumier étant de 0 fr. 10 par tonne et par kilomètre, combien coûtera le fumier d'un champ de 785 ares distant de 34 hectomètres du lieu où l'on prend le fumier? On sait que le mètre cube de fumier, pesant 760 kilos, vaut 5 fr. 50 et qu'il en faut 180 quintaux par hectare.

1420. Un meunier a fourni à deux ménages 1095 kilos de farine. Le quotient du nombre de kilos fourni au premier par celui fourni au second étant 5, on demande ce que chaque ménage a payé, sachant que cette farine a été livrée au prix de 38 fr. 50 le quintal.

VII. EXERCICES ET PROBLÈMES SUR LES FRACTIONS ORDINAIRES ET LES NOMBRES FRACTIONNAIRES.

Explications préliminaires.

On nomme *fraction*, en général, une ou plusieurs parties de l'unité divisée en parties égales.

Il y a deux sortes de fractions : les fractions décimales et les fractions ordinaires ou fractions à deux termes.

Une fraction est dite *décimale* lorsque les parties qui la composent sont de *dix* en *dix* fois plus petites les unes que les autres en allant de gauche à droite. Le dénominateur d'une fraction décimale est sous-entendu : c'est toujours l'unité suivie d'autant de zéros qu'il y a de chiffres à droite de la virgule.

Une fraction est dite *ordinaire* lorsqu'elle n'a pas pour dénominateur l'unité suivie de zéros seulement.

Une fraction ordinaire s'écrit au moyen de deux termes que l'on place l'un au-dessus de l'autre en les séparant par un trait horizontal. Exemple : $\frac{3}{5}$, que l'on énonce *trois cinquièmes*.

Le premier terme d'une fraction s'appelle *numérateur*, le second, *dénominateur*.

Le dénominateur indique en combien de parties égales l'unité est divisée; le numérateur, combien on prend de ces parties.

Une fraction ordinaire est plus *petite* que l'unité quand le numérateur est plus petit que le dénominateur; elle est plus *grande* que l'unité quand c'est le contraire qui a lieu. Dans ce dernier cas, on la nomme *expression fractionnaire*.

Pour lire une fraction, on énonce d'abord le numérateur, puis le dénominateur, auquel on ajoute la terminaison *ième*.

Exemple : $\frac{4}{7}$, que l'on énonce *quatre septièmes*.

Mais, quand le dénominateur est 2, 3 ou 4, on n'ajoute pas la terminaison ième ; on dit alors *demie, tiers, quart.*

PRINCIPAUX PRINCIPES DE DIVISIBILITÉ DONT ON FAIT UN FRÉQUENT USAGE DANS LE CALCUL DES FRACTIONS.

1. Un nombre est divisible par 2 quand il est terminé à droite par un *zéro* ou par un chiffre *pair* [1].

2. Un nombre est divisible par 3 quand la *somme* des chiffres qui le composent est divisible par 3.

3. Un nombre est divisible par 5 quand il est terminé à droite par un *zéro* ou par un *cinq.*

4. Un nombre est divisible par 6 quand il l'est tout à la fois par 2 et par 3.

5. Un nombre est divisible par 9 quand la *somme* des chiffres qui le composent est divisible par 9.

6. Un nombre est divisible par 10, par 100, par 1000, etc., quand il est terminé par un, par deux, par trois, etc., zéros.

PROPRIÉTÉS IMPORTANTES DES FRACTIONS.

1. Pour multiplier une fraction par un certain nombre, il suffit de multiplier le *numérateur* de la fraction par ce nombre, sans toucher au dénominateur.

2. Pour diviser une fraction par un certain nombre, il suffit de multiplier le *dénominateur* de la fraction par ce nombre, sans toucher au numérateur.

3. Une fraction ne change pas de valeur quand on multiplie ses deux termes par un même nombre. C'est sur ce principe qu'est basée la réduction des fractions au même dénominateur.

4. Une fraction ne change pas de valeur quand on divise ses deux termes par un même nombre. C'est sur ce principe qu'est basée la simplification des fractions.

---

1. On appelle chiffre pair un chiffre qui peut être partagé en deux parties *entières égales.* Les chiffres pairs sont 0, 2, 4, 6 et 8.

1° *Fractions et nombres fractionnaires à écrire en chiffres* [1].

1421. Trois quarts ; six huitièmes ; douze seizièmes; trois neuvièmes.

1422. Un tiers; cinq sixièmes; quatre cinquièmes ; deux onzièmes.

1423. Quatre septièmes; quinze dix-huitièmes ; trois vingt-deuxièmes.

1424. Sept dix-septièmes; onze quinzièmes ; trente-un quarantièmes.

1425. Cinq douzièmes; cinquante-deux quatre-vingt-huitièmes.

1426. Vingt-un soixante-dix-septièmes ; quatre-vingt-dix—quatre-vingt-seizièmes; trente-sept—cent trente-cinquièmes.

1427. Quatre-vingt-trois—cent seizièmes; cent trente-quatre—deux cent trente-troisièmes.

1428. Cent quatre—cent douzièmes ; quatre-vingt-neuf—trois cent dix-septièmes ; soixante-quatre—deux cent dixièmes.

1429. Soixante-cinq—cent treizièmes ; quatre-vingt-sept—cent trentièmes ; cinquante-huit—deux cent neuvièmes.

1430. Quarante-deux—quatre-vingt-dix-huitièmes ; neuf treizièmes ; dix-sept—quarante-troisièmes ; deux cent dix—quatre centièmes.

1431. Dix-huit—quarante-cinquièmes ; deux cent sept—neuf mille vingt-troisièmes ; quarante-deux—cent trente-cinquièmes.

1432. Six cent huit—neuf mille dix-septièmes ; trois cent trente—douze mille dix-huitièmes ; vingt-neuf—quatre mille cent trentièmes.

1433. Trois unités un huitième ; onze unités dix-sept vingt-unièmes; neuf unités seize trente-neuvièmes.

1434. Sept unités quatre-vingts cent sixièmes; soixante-neuf unités six trente-quatrièmes ; quatorze unités treize quarantièmes.

1. Les termes composés de plusieurs chiffres sont séparés par un gros trait.

1435. Quarante-huit unités soixante-trois—cent cinquantièmes; trois unités vingt-deux—cent vingt-neuvièmes ; quinze unités trente-deux—six millièmes.

1436. Sept unités cinq soixantièmes ; quatre cent trois—six cent dix-septièmes ; huit unités deux tiers ; deux unités et demie.

1437. Huit mille vingt—quarante-un mille vingt-cinquièmes; quatre unités cinq cent deux—trois mille huitièmes; vingt unités un quart.

1438. Soixante-seize unités quatorze dix-septièmes ; vingt-neuf mille seize—trente-deux millièmes ; huit unités un cinquième.

1439. Quatre-vingt-huit—deux cent dix-neuvièmes ; quatre unités sept mille trois—neuf mille trente-septièmes; quatre cent trente tiers; deux mille cinquièmes.

2° *Nombres entiers et nombres fractionnaires à mettre sous forme de fractions.*

RÈGLES. 1° Pour convertir un nombre entier en fraction, on multiplie tout simplement le dénominateur donné par le nombre entier, puis l'on donne, comme dénominateur, au produit obtenu, ce même dénominateur.

2° Pour convertir un nombre fractionnaire en fraction, il faut multiplier la partie entière par le dénominateur de la fraction, ajouter ensuite le numérateur au produit, puis donner, comme dénominateur, à la somme ainsi obtenue, le dénominateur même de la fraction.

1440. Combien une unité fait-elle de tiers ? de quarts ? de cinquièmes ?

1441. Combien une unité fait-elle de sixièmes ? de septièmes ? de huitièmes ?

1442. Combien une unité fait-elle de quinzièmes ? de trentièmes ? de quarante-cinquièmes ?

1443. Exprimez 3 unités 1° en cinquantièmes ; 2° en seizièmes ; 3° en dix-neuvièmes.

1444. Dites ce que 7 unités font de vingt-cinquièmes ; de cent-vingtièmes ; de dix-huitièmes.

1445. Combien 17 unités $\frac{2}{3}$ font-ils de tiers ? et combien 9 unités $\frac{2}{5}$ font-ils de cinquièmes ?

1446. Exprimez en vingt-septièmes la valeur de 19 unités $\frac{13}{27}$.

1447. Convertissez 108 unités $\frac{3}{16}$ en seizièmes et 496 unités $\frac{2}{9}$ en neuvièmes.

1448. 248 unités $\frac{3}{99}$ font combien de quatre-vingt-dix-neuvièmes?

1449. Combien y a-t-il de trentièmes dans 10453 unités $\frac{17}{30}$? et combien de soixantièmes dans 19245 unités $\frac{26}{60}$?

1450. Un individu a besoin de savoir ce que 98 unités font 1° de huitièmes; 2° de quarante-troisièmes. Renseignez-le.

1451. Déterminez le nombre de soixante-treizièmes que renferment 4539 unités $\frac{34}{73}$.

1452. Dites ce que 100 unités font de vingtièmes et ce que 2456 unités $\frac{2}{97}$ font de quatre-vingt-dix-septièmes.

1453. Exprimez en deux centièmes la valeur de 765 unités $\frac{45}{200}$, et en trois cent vingtièmes celle de 10438 unités $\frac{29}{320}$.

3° *Extraction des unités contenues dans une expression fractionnaire.*

RÈGLE. Pour extraire les unités contenues dans une expres-

8.

sion fractionnaire, il suffit de diviser le numérateur par le dénominateur [1].

1454. Combien y a-t-il d'unités 1° dans $\dfrac{15}{3}$? 2° dans $\dfrac{28}{7}$? 3° dans $\dfrac{36}{4}$? 4° dans $\dfrac{45}{9}$?

1455. Combien y a-t-il d'unités 1° dans $\dfrac{16}{2}$? 2° dans $\dfrac{64}{8}$? 3° dans $\dfrac{25}{5}$? 4° dans $\dfrac{54}{9}$?

1456. Exprimez en unités 1° $\dfrac{8}{2}$; 2° $\dfrac{7}{3}$; 3° $\dfrac{21}{7}$; 4° $\dfrac{37}{8}$.

1457. Extrayez les unités contenues dans les expressions suivantes : $\dfrac{675}{5}$; $\dfrac{1539}{9}$; $\dfrac{476}{7}$; $\dfrac{2172}{6}$.

1458. Combien y a-t-il d'unités 1° dans $\dfrac{1014}{13}$? 2° dans $\dfrac{2781}{27}$? 3° dans $\dfrac{1819}{11}$?

1459. Trouvez en unités la valeur 1° de $\dfrac{9666}{537}$; 2° de $\dfrac{25029}{9}$; 3° de $\dfrac{76}{14}$.

1460. Combien les trois expressions fractionnaires $\dfrac{376}{8}$, $\dfrac{4136}{11}$ et $\dfrac{20680}{5}$ font-elles ensemble d'unités ?

1461. Extrayez les unités contenues dans les expressions suivantes : $\dfrac{3936}{7}$; $\dfrac{4587}{13}$; $\dfrac{57893}{15}$.

---

1. Lorsque la division ne se fait pas exactement, on complète le quotient à l'aide d'une fraction ordinaire qui a pour numérateur le reste de la division et pour dénominateur le diviseur. On peut aussi le compléter par une fraction décimale. on n'a alors qu'à continuer la division.

1462. Dites le nombre d'unités que renferme chacune des quantités suivantes : $\dfrac{6441}{37}$; $\dfrac{663423}{6441}$; $\dfrac{175203}{7}$.

1463. Combien y a-t-il d'unités 1° dans $\dfrac{7}{2}$? 2° dans $\dfrac{8}{3}$? ° dans $\dfrac{16}{5}$?

1464. Quelle est, séparément, la valeur en unités des quantités suivantes $9\dfrac{43}{7}$; $\dfrac{452}{9}$; $\dfrac{4367}{45}$.

1465. Combien y a-t-il d'unités 1° dans $\dfrac{15407}{16}$? 2° dans $\dfrac{29435}{165}$? 3° dans $\dfrac{34576}{2076}$?

1466. Déterminer le nombre d'unités contenues dans les deux expressions $\dfrac{1054396}{28}$; $\dfrac{3802921}{1009}$.

1467. Trouver, en unités, la valeur de chacune des expressions $\dfrac{3457}{58}$; $\dfrac{34567}{93}$; $\dfrac{377867}{127}$.

4° *Simplification des fractions.*

RÈGLE. Pour simplifier une fraction, on divise, quand c'est possible, chacun de ses deux termes par un même nombre. (Voir les principes de divisibilité, page 134.)

1468. Simplifiez les fractions suivantes : $\dfrac{2}{4}$, $\dfrac{6}{8}$, $\dfrac{4}{6}$, $\dfrac{30}{48}$.

1469. Donnez aux fractions $\dfrac{4}{12}$, $\dfrac{5}{15}$, $\dfrac{5}{25}$ et $\dfrac{8}{32}$ la forme la plus simple qu'elles puissent avoir.

1470. Simplifiez le plus possible les fractions $\dfrac{6}{9}$, $\dfrac{9}{18}$, $\dfrac{27}{36}$ et $\dfrac{48}{72}$.

1471. Réduisez à leur plus simple expression les fractions $\frac{3}{12}$, $\frac{7}{28}$, $\frac{36}{108}$ et $\frac{4800}{9600}$.

1472. Donnez la forme la plus simple aux fractions qui suivent : $\frac{526}{873}$, $\frac{1280}{6400}$, $\frac{127}{445}$, $\frac{218}{312}$.

1473. Réduisez les fractions $\frac{3348}{17963}$, $\frac{88208}{126352}$, $\frac{3760}{9024}$ et $\frac{2420}{3575}$ à leur plus simple expression [1].

1474. Réduisez à leur plus simple expression les fractions $\frac{16000}{64000}$, $\frac{9423}{67419}$, $\frac{468000}{936000}$ et $\frac{3760}{5120}$.

1475. Simplifiez le plus possible les fractions $\frac{435}{1044}$, $\frac{2403}{2492}$, $\frac{1143}{5132}$ et $\frac{190000}{380000}$.

1476. Ramenez à leur plus simple expression les fractions $\frac{27}{36}$, $\frac{45}{54}$, $\frac{72}{81}$ et $\frac{90}{99}$.

1477. Donnez la forme la plus simple aux fractions $\frac{126}{540}$, $\frac{18000}{129600}$, $\frac{792}{858}$ et $\frac{5796}{9324}$.

1478. Quelle est la forme la plus simple de chacune des fractions suivantes $\frac{2094}{18846}$; $\frac{32000}{128000}$; $\frac{6696}{35926}$; $\frac{7520}{18048}$?

1479. Quelle est la forme la plus simple de chacune des fractions suivantes $\frac{43}{129}$; $\frac{810}{891}$; $\frac{2175}{5220}$; $\frac{55}{165}$?

1480. Simplifiez le plus possible les fractions $\frac{75}{125}$; $\frac{110}{330}$; $\frac{48}{96}$ et $\frac{70}{140}$.

1. Quand les termes d'une fraction sont considérables, le plus sûr moyen de la réduire à sa plus simple expression, c'est de diviser ses deux termes par leur plus grand diviseur commun.

1481. Ramenez à sa forme la plus simple chacune des fractions suivantes : $\dfrac{6566}{7772}$, $\dfrac{3420}{7110}$, $\dfrac{696}{2232}$, $\dfrac{1980}{2178}$.

5° *Réduction des fractions au même dénominateur.*

RÈGLES. 1° Pour réduire *deux* fractions au même dénominateur, on multiplie les deux termes de chacune d'elles par le dénominateur de l'autre.

2° Pour réduire *plus de deux* fractions au même dénominateur, on multiplie les deux termes de chacune d'elles par le produit des dénominateurs des autres.

Réduire au même dénominateur les fractions suivantes :

1482. $\dfrac{1}{2}$ et $\dfrac{1}{3}$.

1483. $\dfrac{2}{3}$ et $\dfrac{2}{5}$.

1484. $\dfrac{3}{7}$ et $\dfrac{2}{5}$.

1485. $\dfrac{1}{6}$ et $\dfrac{2}{9}$.

1486. $\dfrac{3}{11}$ et $\dfrac{2}{7}$.

1487. $\dfrac{3}{7}$ et $\dfrac{3}{20}$.

1488. $\dfrac{4}{15}$ et $\dfrac{7}{12}$.

1489. $\dfrac{4}{5}$ et $\dfrac{21}{24}$.

1490. $\dfrac{5}{8}$ et $\dfrac{16}{23}$.

1491. $\dfrac{5}{27}$ et $\dfrac{17}{35}$.

1492. $\dfrac{97}{109}$ et $\dfrac{253}{507}$.

1493. $\dfrac{51}{97}$ et $\dfrac{18}{145}$.

1494. $\dfrac{1}{4}$, $\dfrac{2}{5}$ et $\dfrac{1}{3}$.

1495. $\dfrac{2}{9}$, $\dfrac{1}{3}$ et $\dfrac{3}{4}$.

1496. $\dfrac{3}{8}$, $\dfrac{2}{7}$ et $\dfrac{5}{12}$.

1497. $\dfrac{5}{7}$, $\dfrac{3}{8}$ et $\dfrac{4}{9}$.

1498. $\dfrac{2}{3}$, $\dfrac{5}{6}$ et $\dfrac{7}{12}$.

1499. $\dfrac{6}{7}$, $\dfrac{4}{11}$ et $\dfrac{11}{13}$.

1500. $\dfrac{6}{13}$, $\dfrac{2}{9}$ et $\dfrac{4}{21}$.

1501. $\dfrac{3}{16}$, $\dfrac{2}{25}$ et $\dfrac{39}{41}$.

1502. $\dfrac{2}{5}$, $\dfrac{3}{8}$, $\dfrac{4}{7}$ et $\dfrac{8}{9}$.

1503. $\dfrac{1}{4}$, $\dfrac{2}{9}$, $\dfrac{4}{27}$ et $\dfrac{5}{6}$.

1504. $\dfrac{3}{5}$, $\dfrac{5}{8}$, $\dfrac{4}{17}$ et $\dfrac{4}{5}$.

1505. $\dfrac{3}{10}$, $\dfrac{3}{11}$, $\dfrac{2}{15}$ et $\dfrac{3}{25}$.

1506. Quel est le dénominateur commun aux fractions $\dfrac{3}{16}$, $\dfrac{4}{25}$ et $\dfrac{27}{41}$?

1507. Réduisez les fractions $\dfrac{3}{48}$, $\dfrac{5}{24}$ et $\dfrac{7}{96}$ au plus petit dénominateur commun [1].

1508. Quel est le plus petit dénominateur commun aux fractions $\dfrac{9}{25}$, $\dfrac{13}{75}$, $\dfrac{4}{150}$ et $\dfrac{8}{300}$?

1509. Trouver le plus petit dénominateur commun aux fractions $\dfrac{4}{13}$, $\dfrac{3}{26}$, $\dfrac{7}{52}$ et $\dfrac{9}{78}$.

1510. Réduire au plus petit dénominateur commun possible les fractions $\dfrac{2}{7}$, $\dfrac{5}{35}$, $\dfrac{10}{63}$ et $\dfrac{7}{126}$.

6° Conversion des fractions ordinaires en fractions décimales et réciproquement.

RÈGLES. 1° Pour convertir une fraction ordinaire en fraction décimale, il faut tout simplement diviser le numérateur par le dénominateur [2].

1. La règle générale, lorsqu'il y a beaucoup de fractions, donne presque toujours un grand dénominateur commun. Dans ce cas, on peut quelquefois en déterminer un plus simple. Voici comment on procède : on prend le plus petit nombre possible divisible à la fois par tous les dénominateurs. On divise alors ce nombre par chacun des dénominateurs, puis on multiplie les deux termes de chaque fraction par le quotient qui lui correspond. C'est ce qu'on appelle réduire des fractions au *plus petit dénominateur commun*.

2. Quand la conversion se fait exactement, la fraction équivalente est dite *finie* ; quand cette conversion ne se fait pas exactement, la fraction décimale est dite *périodique*.

2° Pour convertir une fraction décimale en fraction ordinaire, on prend pour numérateur de la fraction ordinaire équivalente la fraction décimale elle-même, abstraction faite de la virgule, et on lui donne pour dénominateur l'unité suivie d'*autant de zéros* qu'il y a de chiffres dans la fraction décimale.

Convertissez en fraction décimale chacune des fractions ordinaires qui suivent [1] :

1511. $\dfrac{1}{4}$, $\dfrac{1}{2}$, $\dfrac{1}{8}$, $\dfrac{1}{32}$, $\dfrac{1}{5}$.

1512. $\dfrac{2}{5}$, $\dfrac{3}{5}$, $\dfrac{4}{5}$, $\dfrac{3}{4}$, $\dfrac{5}{12}$.

1513. $\dfrac{3}{15}$, $\dfrac{4}{16}$, $\dfrac{5}{20}$, $\dfrac{8}{40}$, $\dfrac{3}{10}$.

1514. $\dfrac{1}{3}$, $\dfrac{1}{9}$, $\dfrac{3}{7}$, $\dfrac{2}{3}$, $\dfrac{1}{6}$.

1515. $\dfrac{2}{7}$, $\dfrac{4}{11}$, $\dfrac{4}{15}$, $\dfrac{7}{12}$, $\dfrac{5}{16}$.

1516. $\dfrac{29}{35}$, $\dfrac{15}{45}$, $\dfrac{13}{27}$, $\dfrac{49}{196}$, $\dfrac{21}{56}$.

1517. $\dfrac{9}{15}$, $\dfrac{98}{170}$, $\dfrac{18}{85}$, $\dfrac{5}{92}$, $\dfrac{25}{75}$.

1518. $\dfrac{4}{31}$, $\dfrac{276}{4578}$, $\dfrac{64}{45}$, $\dfrac{45675}{405743}$.

1519. $\dfrac{56786}{85042}$, $\dfrac{54072}{85074}$, $\dfrac{35867}{70935}$, $\dfrac{83456}{75405}$.

Convertissez en fraction ordinaire chacune des fractions décimales suivantes :

1520. 0,1; 0,5; 0,7; 0,4; 0,9.
1521. 0,12; 0,25; 0,50; 0,55; 0,24.

---

1. Lorsque la conversion n'a pas lieu exactement, il faut pousser la division jusqu'au chiffre des millièmes ; si ce chiffre est 5 ou plus grand que 5, on le supprime généralement et l'on augmente alors de 1 celui des centièmes. Dans le cas contraire, on l'efface sans toucher au chiffre des centièmes.

1522. 0,35; 0,27; 0,18; 0,105; 0,51.
1523. 0,75; 0,8; 0,045; 0,504; 0,053.
1524. 0,0074; 0,5456; 0,458; 0,0006.
1525. 0,805; 0,49034; 0,3; 0,5308; 0,0059.
1526. 0,4795; 0,0705; 0,78; 0,81090; 0,005.
1527. 0,450436; 0,47004; 0,00002; 0,0045.
1528. 0,5084; 0,60; 0,42; 0,0050; 0,515.

7° *Addition des fractions et des nombres fractionnaires.*

OBSERVATIONS. — 1° L'addition et la soustraction ne peuvent s'effectuer que sur des nombres de *même espèce*. Or, des fractions ne sont de même espèce qu'autant qu'elles ont le même dénominateur. Il suit de là qu'il faut préalablement réduire au même dénominateur les fractions qui doivent être additionnées ou soustraites.

2° Les élèves auront soin de simplifier les fractions avant d'effectuer les calculs auxquels elles donnent lieu. C'est toujours par là qu'ils devront commencer : ils auront ainsi plus tôt fait.

Additionnez les fractions et les nombres fractionnaires qui suivent [1] :

1529. $\dfrac{1}{4} + \dfrac{2}{4}.$ 1534. $\dfrac{5}{12} + \dfrac{2}{12} + \dfrac{4}{12}.$

1530. $\dfrac{2}{5} + \dfrac{3}{5}.$ 1535. $\dfrac{3}{21} + \dfrac{7}{21} + \dfrac{4}{21}.$

1531. $\dfrac{4}{9} + \dfrac{3}{9}.$ 1536. $\dfrac{2}{9} + \dfrac{3}{5} + \dfrac{1}{3}.$

1532. $\dfrac{3}{8} + \dfrac{1}{8} + \dfrac{2}{8}.$ 1537. $\dfrac{2}{3} + \dfrac{3}{4} + \dfrac{4}{5}.$

1533. $\dfrac{1}{7} + \dfrac{3}{7} + \dfrac{2}{7}.$ 1538. $\dfrac{2}{3} + \dfrac{5}{7} + \dfrac{4}{9} + \dfrac{1}{4}.$

1. Lorsqu'on a à opérer en même temps sur des fractions ordinaires et sur des fractions décimales, il faut convertir celles-ci en fractions ordinaires. (Voir la 2° règle, page 143.)

1539. $\frac{1}{9} + \frac{4}{5} + \frac{1}{3} + \frac{4}{15} + \frac{3}{4}.$

1540. $3\frac{2}{7} + 1\frac{1}{3} + 2\frac{1}{5}.$

1541. $5\frac{1}{2} + 3\frac{2}{5} + 8\frac{2}{3}.$

1542. $6\frac{2}{7} + 0,5 + \frac{4}{9} + 2\frac{1}{6}.$

1543. $0,8 + \frac{4}{7} + 5\frac{1}{4} + 1,03.$

1544. $9\frac{1}{3} + 0,61 + 3 + 3\frac{1}{5}.$

1545. Quel est le nombre qui surpasse de $\frac{4}{9}$ la somme des fractions $\frac{2}{9}$, $\frac{3}{9}$ et $\frac{5}{9}$?

1546. Ajoutez $\frac{2}{15}$ plus $\frac{6}{15}$ à $\frac{9}{15}$ et dites ce que vous trouvez.

1547. On a fait les $\frac{3}{7}$ et le $\frac{1}{3}$ d'un ouvrage. Quelle partie de cet ouvrage a-t-on faite en tout?

1548. Jules a successivement acheté 3 kil. $\frac{1}{5}$, 0 kil. $\frac{2}{9}$ et 5 kil. 45 de café. Combien a-t-il acheté de café en tout?

1549. Quel est le nombre qui surpasse $5\frac{2}{7}$ de $6\frac{3}{5}$?

1550. Un père partage son bien entre ses trois enfants; le premier a 7 hectares $\frac{1}{3}$; le deuxième 6 hectares 5, et le troisième 8 hectares $\frac{1}{5}$. On demande la contenance du bien.

1551. Un horloger a acheté pour 35 fr. $\frac{1}{4}$ une vieille horloge à laquelle il a fait des réparations pour 7 fr. $\frac{3}{8}$. Que doit-il la revendre pour gagner 13 fr. $\frac{2}{5}$?

1552. Un marchand d'étoffe achète le $\frac{1}{3}$ de 25 mètres de mousseline, le $\frac{1}{7}$ de 37 mètres et le $\frac{1}{9}$ de 46 mètres. Combien de mètres a-t-il eus exactement en tout?

1553. La moitié plus le tiers d'un nombre font 5 : quel est ce nombre ?

1554. Le $\frac{1}{4}$, le $\frac{1}{3}$ et les $\frac{3}{7}$ d'un nombre font 60 : quel est ce nombre ?

1555. Trois ouvriers peuvent faire un travail, le premier en 6 heures, le deuxième en 7 heures et le troisième en 9 heures. Quelle partie du travail feront-ils ensemble en 1 heure ?

1556. Un meunier a trois moulins ; le premier moud 3 hectol. de farine en 2 heures ; le deuxième, 13 hect. en 8 heures, et le troisième, 9 hect. en 7 heures. Combien ces moulins donnent-ils ensemble d'hectolitres de farine par heure ?

1557. Le premier jour, un tisserand a fait les $\frac{3}{30}$ d'une pièce de toile ; le deuxième jour, il en fait les $\frac{4}{35}$, et le troisième jour, les $\frac{5}{50}$. Quelle partie de la pièce est faite au bout de ce temps ?

1558. Trois sources coulent dans un bassin. Quelle portion du bassin rempliront-elles en 1 heure, sachant que la première peut le remplir à elle seule en 4 heures, la deuxième, en 5 heures, et la troisième, en 6 heures ?

1559. On ensemence $\frac{2}{7}$ d'hectare de terre avec $\frac{5}{7}$ d'hectolitre de blé ; $\frac{3}{8}$ d'hectare avec $\frac{8}{9}$ d'hectolitre, et 1 hectare $\frac{2}{3}$ avec 3 hectolitres $\frac{1}{7}$. Trouver, en ares, l'étendue des terres ensemencées et la quantité de semence employée.

1560. Une mère de famille achète $\frac{45}{3}$ de mètre de toile dans une maison, $\frac{37}{5}$ de mètre dans une autre, et $\frac{75}{8}$ dans une troisième. Qu'a-t-elle déboursé en tout, si le mètre de toile lui a été livré au prix de 1 fr. 45 ?

1561. Un tailleur a pris 8 m. $\frac{2}{3}$ sur une pièce de coutil qui contient encore 17 m. $\frac{3}{5}$. Quelle était la longueur totale de la pièce ?

1562. Faites la somme des fractions $\frac{15}{19}$, 0,52, 0,3 et $\frac{7}{8}$.

1563. Il reste 11 m. $\frac{2}{3}$ d'une pièce de ruban sur laquelle on a pris 6 m. $\frac{4}{9}$. On demande la longueur totale de la pièce.

1564. Un ouvrier a fait 6 m. $\frac{1}{2}$ d'ouvrage le lundi ; 4 m. $\frac{5}{8}$ le mardi ; 4 m. $\frac{2}{5}$ le mercredi, et 7 m. $\frac{2}{3}$ le jeudi. Quelle somme a-t-il gagnée dans ces quatre jours, si le mètre lui est payé 0 fr. 40 ?

1565. Un bureau de bienfaisance donne du bœuf à quatre malades pauvres ; le premier reçoit $\frac{3}{5}$ de kilo ; le deuxième $\frac{5}{8}$ de kilo ; le troisième $\frac{4}{7}$ et le quatrième $\frac{5}{9}$. On demande la dépense faite par le bureau de bienfaisance, le kilo de viande coûtant 1 fr. 30.

8° Soustraction des fractions et des nombres fractionnaires.

Faites les soustractions suivantes :

1566. $\frac{4}{5} - \frac{3}{5}$.

1567. $\frac{9}{12} - \frac{4}{12}$.

1568. $\frac{3}{4} - \frac{1}{4}$.

1569. $\frac{7}{8} - \frac{2}{8}$.

1570. $\frac{15}{29} - \frac{8}{29}$.

1571. $\frac{17}{35} - \frac{5}{35}$.

1572.	$\frac{3}{4} - \frac{1}{3}$	1584. $2\frac{1}{3} - 1\frac{5}{9}$
1573.	$\frac{9}{15} - \frac{6}{12}$	1585. $\frac{423}{55} - 6,20$
1574.	$\frac{7}{8} - \frac{3}{7}$	1586. $8,4 - \frac{95}{12}$
1575.	$\frac{5}{6} - \frac{3}{4}$	1587. $14\frac{2}{5} - 9\frac{2}{7}$
1576.	$\frac{9}{13} - \frac{5}{9}$	1588. $3,01 - 2\frac{15}{18}$
1577.	$\frac{12}{19} - \frac{7}{15}$	1589. $\frac{124}{20} - 5\frac{3}{8}$
1578.	$\frac{31}{43} - \frac{26}{45}$	1590. $4,005 - \frac{131}{45}$
1579.	$\frac{109}{210} - \frac{47}{105}$	1591. $7\frac{41}{50} - 6\frac{27}{36}$
1580.	$\frac{45}{60} - \frac{15}{35}$	1592. $\frac{41}{67} - \frac{39}{68}$
1581.	$\frac{100}{170} - \frac{72}{144}$	1593. $900 - 28\frac{1}{5}$
1582.	$\frac{5}{7} - 0,5$	1594. $705 - 618\frac{3}{13}$
1583.	$0,9 - \frac{3}{4}$	1595. $43\frac{1}{3} - 27,045$

1596. Quelle différence y a-t-il entre $\frac{15}{17}$ et $\frac{8}{17}$? entre $\frac{31}{35}$ et $\frac{29}{30}$?

1597. Que faut-il ajouter à $5\frac{2}{3}$ pour avoir $11\frac{3}{7}$?

1598. Une personne, qui a hérité des $\frac{5}{9}$ d'une propriété, donne les $\frac{2}{5}$ de sa part à son fils : quelle partie de la propriété lui reste-t-il ?

1599. Après avoir ajouté $8\frac{5}{7}$ à un nombre inconnu, on a eu $9\frac{2}{3}$. Quel est ce nombre ?

1600. Au lieu de $3\frac{6}{7}$ on a pris $\frac{28}{8}$: quelle erreur a-t-on faite?

1601. Que reste-t-il à faire d'un ouvrage dont on a déjà fait les $\frac{2}{3}$ plus les $\frac{2}{7}$?

1602. On a partagé 957 en deux parties dont l'une est $358\frac{4}{15}$; quelle est l'autre ?

1603. Trouvez une fraction qui soit moindre que $\frac{3}{17}$ de $\frac{2}{31}$.

1604. La somme de deux nombres est $27\frac{1}{3}$ et le plus petit de ces nombres, $9\frac{3}{7}$: quel est le plus grand ?

1605. Une caisse de raisin sec pèse brut 34 kil. $\frac{5}{7}$; quel en est le poids net, si la caisse vide pèse 3 kil. $\frac{2}{9}$?

1606. Un marchand, qui a acheté 7 m. $\frac{3}{5}$ plus 9 m. $\frac{2}{7}$ plus 18 m. $\frac{2}{3}$ d'étoffe, en a revendu 6 m. $\frac{3}{4}$ plus 10 m. $\frac{2}{9}$ plus 13 m. $\frac{1}{3}$. Combien lui reste-t-il de mètres ?

1607. Un tailleur achète 3 m. $\frac{4}{9}$ de drap pour en faire une redingote et un pantalon. S'il prend 2 m. $\frac{1}{7}$ pour la redingote, que lui restera-t-il pour le pantalon ?

1608. Un écolier, qui a 3 fr. $\frac{2}{5}$, achète un compas pour 2 fr.

$\frac{1}{4}$, des billes pour $\frac{1}{5}$ de franc et une boîte de plumes avec ce qui lui reste : quel est le prix de cette boîte?

1609. Une lampe consomme 225 grammes d'huile en trois heures; une autre en consomme 6 hectog. 3 en 7 heures. Quelle est la plus économique des deux lampes, en admettant qu'elles donnent la même clarté?

1610. La pomme de terre contient en fécule les $\frac{11}{50}$ de son poids. Les procédés d'extraction employés de nos jours ne donnant en fécule que les $\frac{4}{30}$, on demande la quantité de fécule qui reste dans la pulpe des pommes de terre après l'extraction.

1611. La betterave à sucre contient en jus les $\frac{19}{20}$ de son poids; mais on ne peut en extraire actuellement que les $\frac{19}{25}$. Combien reste-t-il de jus dans la pulpe?

1612. Un meunier a deux moulins qui fournissent, le premier 6 hectolitres de farine en 4 heures, le deuxième 13 hectolitres en 9 heures. Combien le meilleur des deux fournit-il en 1 heure de plus de farine que l'autre?

1613. Une pièce de mérinos contenait 39 m. $\frac{2}{11}$; on a pris sur cette pièce 2 m. $\frac{5}{9}$ plus 27 m. 15. Que reste-t-il de la pièce?

1614. Quatre enfants se partagent une pièce de vigne; le premier en a le $\frac{1}{7}$; le deuxième les 0,32; le troisième les 0,3. On demande la part du quatrième, qui a eu le reste.

1615. Trois maçons ont construit ensemble un mur en 12 jours. Le premier l'aurait fait seul en 32 jours; le deuxième, en 36 jours : quelle partie de l'ouvrage le troisième maçon a-t-il faite?

1616. Un vaisseau fait 127 litres $\frac{2}{5}$ d'eau en 3 minutes, et la pompe en retire 209 litres $\frac{1}{7}$ en 5 minutes. On demande si cette pompe pourra empêcher l'eau d'augmenter.

1617. Un bec à gaz en brûle $\frac{2}{3}$ d'hectolitre de plus qu'un second qui en brûle $\frac{1}{4}$ de plus qu'un troisième. Combien de gaz le premier brûle-t-il de plus que le dernier?

1618. Une jeune fille achète, au prix de 3 fr. 25 le mètre, 16 mètres d'étoffe avec laquelle elle confectionne une robe et un jupon. Sachant que la robe absorbe 9 m. $\frac{3}{7}$, on demande le prix de chacun de ces deux vêtements.

———

9° Multiplication des fractions et des nombres fractionnaires.

Faites les multiplications suivantes :

1619.	$\frac{2}{3} \times \frac{3}{4}.$		1627.	$5 \times 4\frac{1}{3}.$
1620.	$\frac{2}{5} \times \frac{4}{9}.$		1628.	$9\frac{2}{5} \times 2\frac{3}{7}.$
1621.	$\frac{3}{7} \times \frac{2}{5}.$		1629.	$\frac{1}{6} \times 0,2.$
1622.	$\frac{4}{11} \times \frac{3}{7}.$		1630.	$4,4 \times 13\frac{1}{3}.$
1623	$2 \times \frac{2}{3}.$		1631.	$8\frac{2}{7} \times 17\frac{3}{4}.$
1624.	$\frac{3}{4} \times \frac{5}{6}.$		1632.	$1,6 \times 7\frac{3}{8}.$
1625	$\frac{3}{8} \times \frac{5}{12}.$		1633.	$\frac{93}{7} \times 0,016.$
1626.	$7\frac{1}{2} \times 4.$		1634.	$50 \times 5\frac{3}{13}.$

1635. $18,3 \times \dfrac{20}{35}$.

1636. $\dfrac{31}{44} \times 15\dfrac{1}{3}$.

1637. $63,05 \times \dfrac{7}{9}$.

1638. $\dfrac{8}{17} \times 0,007$.

1639. $23 \times \dfrac{42}{55}$.

1640. $\dfrac{2}{3} \times \dfrac{5}{7} \times \dfrac{3}{8}$.

1641. $0,09 \times 1\dfrac{2}{7} \times \dfrac{39}{81}$.

1642. $4,2 \times 0,006 \times \dfrac{2}{11}$.

1643. Multipliez $\dfrac{2}{5}$ par $\dfrac{3}{7}$ et $5\dfrac{1}{3}$ par $2\dfrac{1}{4}$, et faites connaître le total des deux produits.

1644. Quelle est la moitié de $\dfrac{2}{3}$? le quart d'un cinquième? le tiers de $\dfrac{2}{7}$? les $\dfrac{5}{8}$ de $3\dfrac{1}{9}$?

1645. Un are de pré coûtant 23 fr. 25, on demande le prix de $\dfrac{3}{5}$ d'hectare.

1646. Le litre d'huile de noix coûte 1 fr. 85. Quel sera le prix de 19 litres $\dfrac{2}{3}$ de cette huile?

1647. A raison de 1 fr 55 le $\dfrac{1}{3}$ de gramme, quel est le prix d'une chaine d'or pesant 27 grammes $\dfrac{2}{3}$?

1648. Un écolier fait 1 ligne $\dfrac{5}{7}$ d'écriture en 1 minute. Combien de lignes fera-t-il en une heure $\dfrac{2}{3}$?

1649. Quelle différence y a-t-il entre le produit de $\dfrac{3}{5}$ par $\dfrac{5}{7}$ et celui de $\dfrac{3}{4}$ par $\dfrac{4}{9}$?

1650. Un ouvrier fait en 1 jour les $\dfrac{2}{35}$ d'un travail; quelle partie du travail fera-t-il en 11 jours $\dfrac{1}{8}$?

1651 La journée de maçon se paie 3 fr. 50 et celle de manœuvre 1 fr. 95. Que doit-on pour 9 journées $\frac{2}{5}$ de maçon et 7 journées $\frac{2}{3}$ de manœuvre ?

1652. Quels sont les $\frac{5}{6}$ de $8\frac{4}{7}$? et quels sont les $\frac{2}{3}$ de $4\frac{2}{5}$?

1653. Dites ce que le $\frac{1}{3}$ plus les 0,6 de 396 font d'unités ?

1654. Quels sont, séparément, les $\frac{2}{9}$ de 36 ? les $\frac{3}{5}$ de 27? les $\frac{2}{11}$ de $38\frac{1}{5}$?

1655. Quelle est la moitié de $17\frac{1}{4}$? et quels sont les $\frac{3}{4}$ de $39\frac{1}{7}$?

1656 Quels sont les $\frac{3}{4}$ des $\frac{5}{6}$ de 2292 fr.?

1657. Que me reste-t-il d'une somme de 325 francs dont j'ai dépensé la moitié du quart des $\frac{13}{5}$?

1658. J'ai dépensé les $\frac{2}{5}$ des $\frac{3}{4}$ du $\frac{1}{3}$ de 426 fr. Faites connaître le montant de ma dépense.

1659. Un fermier achète une propriété dont il paie comptant le $\frac{1}{5}$ du $\frac{1}{4}$ des $\frac{10}{9}$ du prix d'achat. Quelle est la valeur de cette propriété, sachant qu'il redoit 12784 fr.?

1660. Une vigne vaut 12150 fr. Que doit un individu qui achète les $\frac{2}{3}$ plus les 0,11 de cette vigne?

1661. Les $\frac{2}{3}$ d'un champ sont ensemencés en blé, le $\frac{1}{4}$ en trèfle en le reste en carottes. Quelle est la surface du champ, si les carottes occupent une étendue de 67 ares 6 ? et quelle en est la valeur, si l'hectare est estimé 2630 fr. ?

9.

1662. Une femme, qui a acheté 2 m. $\frac{3}{5}$ d'étoffe à $\frac{17}{8}$ de fr.. le mètre, donne en paiement 5 kil. $\frac{1}{7}$ de beurre à 1 fr. $\frac{1}{8}$ le demi-kilo. Dire quel est celui des deux qui redoit à l'autre et combien.

1663. On demandait un jour à un mathématicien l'heure qu'il était. Il répondit : il est la moitié des $\frac{2}{5}$ des $\frac{3}{4}$ de 24 heures. Quelle heure était-il ?

1664. Le raisin donne en vin environ les $\frac{3}{5}$ de son volume, et le vin donne en alcool environ le $\frac{1}{10}$ du sien. On demande, en décalitres, la quantité d'alcool qu'on retirera de 45 hecto-litres $\frac{1}{4}$ de raisin.

1665. La poudre de guerre est composée de salpêtre, de char-bon et de soufre. Le salpêtre entre dans sa composition pour $\frac{3}{4}$, le charbon et le soufre y entrent chacun pour $\frac{1}{8}$. D'après cela, quel est, séparément, le poids de chacune des trois subs-tances contenues dans 3 quintaux 8 hectogr. de poudre ?

1666. On fond ensemble 17 grammes d'argent et 27 grammes de cuivre. Combien y a-t-il d'argent et de cuivre dans $\frac{3}{8}$ de déca-gramme de cet alliage ?

1667. Un tailleur achète, à raison de 14 fr. 25 le mètre, les $\frac{8}{11}$ d'une pièce de drap de 44 m. $\frac{7}{33}$. Quelle somme a-t-il dé-boursée ?

1668. L'huile d'olive, pesant 0 kil. 92 le litre, se vend dans le commerce 215 fr. les 100 kil.. Quel sera le prix de 32 déca-litres $\frac{2}{3}$ de cette huile ?

1669. Une garnison, composée de 2500 soldats, a du pain

pour 25 jours, à raison de 8 hectogr. $\frac{1}{2}$ par homme. Pour cause de disette, la ration journalière a été réduite à $\frac{5}{8}$ de kilo par soldat. Faire connaître 1° le nombre de jours que durera ainsi la provision de pain; 2° l'économie et argent résultant de cette réduction, sachant que le $\frac{1}{2}$ kilo de pain vaut 0 fr. 27 $\frac{1}{2}$.

1670. Un joueur se met au jeu et perd à la première partie le $\frac{1}{3}$ de son avoir; à la seconde, il perd le $\frac{1}{4}$ de son reste. Sachant qu'il lui reste alors 18 fr., on demande la somme qu'il avait en commençant le jeu.

1671. Une luzerne de 1 hectare 6 ares a donné deux coupes qui ont fourni, savoir : la première 4400 kil de fourrage sec; la seconde les $\frac{3}{5}$ de la première ; elle a donné en outre un regain qui peut être évalué au $\frac{1}{3}$ de la deuxième coupe. Le fourrage valant 81 fr. $\frac{9}{11}$ les 1000 kilos, on demande : 1° la valeur de toute la récolte; 2° la valeur de cette récolte par are.

10° *Division des fractions et des nombres fractionnaires.*

Effectuez les divisions suivantes :

1672.	$\frac{2}{3} : \frac{3}{4}$.		1676.	$3\frac{2}{5} : 9$.	
1673.	$\frac{5}{7} : \frac{1}{9}$.		1677.	$\frac{5}{11} : 2\frac{1}{7}$.	
1674.	$\frac{4}{9} : \frac{11}{15}$.		1678.	$6 : 3\frac{2}{15}$.	
1675.	$8 : \frac{2}{3}$.		1679.	$14\frac{1}{6} : 7$.	

1680.	$3 \frac{2}{5} : 4 \frac{1}{8}$	1688.	$4 \frac{1}{4} : \frac{53}{30}$
1681.	$5,25 : 2 \frac{1}{7}$	1689.	$0,07 : 5 \frac{1}{17}$
1682.	$\frac{5}{8} : \frac{2}{3}$	1690.	$5,04 : \frac{3}{10}$
1683.	$\frac{3}{13} : 3 \frac{3}{4}$	1691.	$\frac{35}{75} : 0,001$
1684.	$4 \frac{2}{7} : 0,56$	1692.	$0,025 : 7 \frac{2}{3}$
1685.	$0,75 : 9 \frac{1}{3}$	1693.	$19 \frac{1}{4} : \frac{42}{55}$
1686.	$3 \frac{2}{9} : 4 \frac{5}{8}$	1694.	$8 \frac{1}{3} : 0,65$
1687.	$\frac{45}{80} : 1 \frac{2}{18}$	1695.	$\frac{20}{25} : 4 \frac{2}{3}$

1696. Le produit d'un nombre par $2 \frac{1}{3}$ est $67 \frac{2}{3}$: quel est ce nombre ?

1697. Le nombre $133 \frac{6}{7}$ est le produit de deux nombres dont l'un est $9 \frac{3}{7}$: quel est l'autre ?

1698. Le quotient d'une division est $3 \frac{2}{9}$ et le dividende 0,53. Déterminer le diviseur.

1699. Par quel nombre faut-il multiplier $13 \frac{2}{3}$ pour avoir $71 \frac{3}{4}$?

1700. Quel est le nombre dont les $\frac{3}{7}$ font 42 ?

1701. 7 pièces $\frac{2}{3}$ de ruban ont coûté 17 fr. 25. Quel est le prix d'une pièce ?

1702. Un journalier a bêché en 3 jours $\frac{1}{2}$ 1 are 35 de terre. Combien lui faudrait-il de jours pour en bêcher $\frac{3}{5}$ d'hectare ?

1703. On allie 19 grammes d'argent à 31 grammes de cuivre. Combien y a-t-il de chacun de ces deux métaux dans 63 gr. $\frac{2}{3}$ de l'alliage ?

1704. On allie 24 gr. 5 de cuivre avec 8 gr. 35 d'or. Combien y a-t-il de cuivre et d'or dans 15 gr. $\frac{2}{7}$ de l'alliage ?

1705. Un menuisier ferait seul un ouvrage en 13 jours ; un autre ouvrier le ferait, lui, en 10 jours. Au bout de combien de jours l'ouvrage serait-il fait, s'ils travaillaient ensemble ?

1706. Paris et Lyon sont distants de 512 kilomètres. Deux trains, qui vont à la rencontre l'un de l'autre, partent en même temps de chacune de ces deux villes. Le premier fait 60 kilom. à l'heure, le second, 30 kilom. en $\frac{3}{4}$ d'heure. A quelle heure aura lieu la rencontre, si ces trains sont partis à 7 heures du matin ?

1707. Quel est le prix d'un objet dont les $\frac{2}{3}$ coûtent 1 fr. $\frac{2}{5}$?

1708. On a payé 38 fr. $\frac{2}{15}$ pour 17 m. $\frac{2}{3}$ d'étoffe : quel est le prix du mètre ?

1709. La différence qui existe entre le $\frac{1}{3}$ et le $\frac{1}{4}$ d'un nombre est de 2,25 ; quel est ce nombre ?

1710. On a vendu les $\frac{2}{3}$ et le $\frac{1}{5}$ d'une pièce de taffetas. Sachant qu'il reste 3 m. $\frac{1}{3}$, on demande quelle était la longueur de la pièce.

1711. Quelle différence y a-t-il entre le quotient de $7\frac{2}{5}$ par $\frac{3}{9}$ et celui de $6\frac{1}{3}$ par $\frac{2}{7}$?

1712. Un minerai de cuivre contient les $\dfrac{2}{5}$ de son poids de cuivre pur. Combien faut-il traiter de tonnes de ce minerai pour avoir 47 quintaux $\dfrac{1}{2}$ de cuivre?

1713. Un tailleur achète 44 m. $\dfrac{8}{14}$ de drap; il en revend 9 m. $\dfrac{4}{28}$ et fait des pantalons avec le reste. Combien en fera-t-il, sachant qu'il faut 1 m. $\dfrac{1}{7}$ par pantalon?

1714. Après avoir vendu les $\dfrac{2}{3}$ d'une caque de sardines, il reste les $\dfrac{2}{7}$ de la caque plus 95 sardines. On demande : 1° ce que la caque contenait de sardines; 2° la valeur des sardines, en supposant qu'on les vende 2 fr. 40 le cent.

1715 Un épicier vend les $\dfrac{3}{5}$ d'une caque de harengs. Sachant qu'il reste les $\dfrac{2}{3}$ de la caque moins 172 harengs, on demande la valeur de la caque. On sait que le hareng se vend 0 fr. 07 $\dfrac{1}{2}$.

1716. Un bassin, d'une capacité de 3 m. cub. 27, est plein d'eau. Pour le vider, on ouvre simultanément trois robinets qui enlèvent par minute, savoir : le premier 4 lit. $\dfrac{1}{3}$; le deuxième 3 lit. $\dfrac{1}{4}$, et le troisième 2 lit. $\dfrac{5}{6}$. Au bout de combien de temps le bassin sera-t-il vidé?

1717. Trois frères achètent ensemble une vigne. Le premier en prend les 0,4; le deuxième le $\dfrac{1}{3}$, et le troisième le reste. Celui-ci ayant payé 1722 fr. pour sa part, qui est de 42 ares, on demande la contenance et la valeur de chacune des autres parts.

1718. Une tricoteuse tricote les $\frac{3}{5}$ d'un bas par jour. Combien lui faudra-t-il de jours pour en faire 45 paires ?

1719. Une horloge, qui retarde de 35 minutes par jour, a été mise à l'heure à midi. Quelle sera l'heure exacte lorsqu'elle marquera 10 heures $\frac{1}{2}$ du soir?

1720. Un maître d'hôtel achète du veau et du mouton pesant ensemble 6 kil. $\frac{13}{18}$. Le poids du mouton étant les $\frac{5}{6}$ de celui du veau, on demande la somme qu'a payée le maître d'hôtel. On sait que le veau coûte 1 fr. 40 le kilog. et le mouton 1 fr. 60.

1721. Deux vaches ont coûté ensemble 575 fr. Le prix de l'une étant les $\frac{2}{3}$ de celui de l'autre, on demande le prix de chaque animal.

1722. On achète deux lièvres pesant ensemble 6 kil. $\frac{1}{6}$. Le poids du gros, divisé par celui du petit, donne pour quotient $\frac{60}{51}$. Quel est le prix de chaque lièvre, sachant qu'ils ont été payés sur le pied de 1 fr. 25 le kilo ?

11° *Problèmes de récapitulation sur les fractions et les nombres fractionnaires* [1].

1723. Par quelle quantité doit-on diviser $\frac{5}{7}$ pour avoir au quotient $\frac{2}{7}$?

1. Dans la seconde partie de cet ouvrage, on trouvera, sur ce chapitre et sur ceux qui suivent, des explications plus complètes et des questions plus élevées.

1724. Le meilleur sol est celui qui est formé de $\frac{3}{5}$ d'argile, d'un cinquième $\frac{1}{2}$ de silice et de $\frac{1}{10}$ de carbonate de chaux. Quel serait, sur 100 kilos de terre ainsi composée, le poids de chacune de ces trois substances?

1725. Quel est le nombre dont le $\frac{1}{3}$ et le $\frac{1}{4}$ réunis font $16\frac{11}{12}$?

1726. Un marchand a vendu les $\frac{4}{5}$ d'une pièce de toile. Sachant qu'il reste encore le $\frac{1}{3}$ de la pièce moins 5 m. $\frac{2}{5}$, on en demande la longueur totale.

1727. D'une pièce de mérinos dont on a vendu le $\frac{1}{3}$ et le $\frac{1}{4}$, il reste encore le $\frac{1}{3}$ plus 3 mètres. Dites quelle était la longueur de la pièce.

1728. Les $\frac{2}{3}$ plus la moitié d'un nombre, diminués de 12, donnent les $\frac{5}{6}$ de ce nombre : quel est-il ?

1729. Si j'avais $\frac{1}{10}$ de plus avec 9 fr. encore, j'aurais 53 fr. : quelle somme ai-je ?

1730. Par quelle quantité faut-il multiplier 49 pour diminuer ce nombre de 35 ?

1731. Par quelle quantité faut-il diviser 62 pour augmenter ce nombre de $12\frac{1}{2}$?

1732. Deux nombres, dont la somme est 64, sont dans le rapport de 3 à 4. Quels sont-ils ?

1733 Partager 143 en deux parties telles que l'une surpasse l'autre de $7\frac{1}{2}$.

1734. Les contributions, qui sont proportionnelles au revenu foncier de chacun, se paient par douzièmes. D'après cela, on demande ce que doit payer chaque mois une personne qui a un revenu de 187 fr. 50 et qui habite une commune où le centime le franc est de $0,45\frac{1}{2}$ [1].

1735. Un ouvrier débauché perd par semaine 1 jour $\frac{2}{5}$; un autre, laborieux et rangé, travaille les 6 jours et fait d'ailleurs, dans le même temps, $\frac{1}{4}$ d'ouvrage de plus que le premier. Combien, en réalité, le deuxième reçoit il par semaine de plus que le premier ? On sait que celui-ci gagne 3 fr. 40 par jour.

1736. On obtient un bon cirage gras pour la grosse chaussure et les harnais en fondant ensemble $\frac{3}{8}$ de suif, $\frac{1}{6}$ de graisse de porc, $\frac{1}{9}$ de térébenthine, $\frac{1}{8}$ de cire et le reste d'huile d'olive. Faire connaître le prix de revient d'un kil. de ce cirage. On sait que le suif vaut 1 fr. 20 le kilo, la graisse de porc 1 fr. 90, la cire 4 fr. 50, la térébenthine 1 fr. 65, et l'huile 2 fr. 85.

1737 La somme de deux nombres est 40. Si l'on retranchait $\frac{1}{6}$ de l'un pour le joindre à l'autre, ils deviendraient égaux. Quels sont ces deux nombres ?

1738. Si je dépensais la moitié de ce que j'ai, il me resterait une certaine somme ; si je n'en dépensais que le tiers, il me resterait 7 fr. 50 de plus : quelle somme ai-je ?

1739. Trois sœurs se partagent une certaine somme de la manière suivante : la première prend le $\frac{1}{3}$ moins 10 fr. ; la deuxième, le $\frac{1}{4}$ plus 180 fr. $\frac{1}{2}$, et la troisième, le reste qui est de 1014 fr. Faire connaître la somme partagée.

---

1. En termes de contributions, on appelle *centime le franc* ce qu'on paie par franc de revenu.

1740. La densité de l'air atmosphérique est, par rapport à l'eau, $\frac{1}{770}$. Faire connaitre exactement le poids 1° d'un litre, 2° d'un mètre cube d'air.

1741. Le lait de vache, dont la densité est 1,03, renferme quatre substances: de l'eau, du beurre, du fromage et du sucre. L'eau y entre environ pour $\frac{8}{9}$, le beurre, pour $\frac{1}{22}$, le fromage, pour $\frac{1}{24}$, et le sucre, pour le reste. Quel est, en grammes, la quantité de chacune des matières contenues dans 10 litres de lait ?

1742 Un ménage a brûlé en 10 jours 96 kilos $\frac{2}{3}$ de coke dont l'hectolitre $\frac{1}{2}$ pèse 67 kilos $\frac{1}{2}$ et coûte 1 fr. 80. Combien lui coûte par jour le chauffage au coke ?

1743. Les groseilles fournissent en jus environ les $\frac{3}{4}$ de leur poids total. Ce jus, auquel on ajoute un poids égal de sucre, donne à peu près en confitures les $\frac{5}{7}$ de son poids et de celui du sucre ajouté. Établir, d'après ces données, le prix de revient d'un kilog. de confitures. On sait que les groseilles coûtent 0 fr. 55 le kilo et le sucre 0 fr. 70 le demi-kilo.

1744. Le métal de cloche s'obtient en alliant 8 parties de cuivre et 2 d'étain. Combien entre-t-il de cuivre et d'étain dans une cloche de 1240 kil.? et quel est, non compris les frais de main-d'œuvre et autres, le prix de revient de cette cloche, le cuivre coûtant 4 fr. $\frac{3}{4}$ le kilo et l'étain 5 fr. $\frac{1}{2}$?

1745. Le bronze des canons est un alliage composé de 90 parties de cuivre et de 10 d'étain. On demande, d'après cela, les quantités de cuivre et d'étain qui entrent dans une pièce de canon pesant 1645 kilos. Dire aussi (voir le numéro précédent) le prix de revient de cette pièce, non compris les frais de fabrication.

1746. La laine en suint perd environ, par le lavage à dos, les 0,51 de son poids. De quelle quantité de laine en suint proviennent 3 tonnes $\frac{3}{5}$ de laine lavée ?

1747. Un marchand achète, au prix de 1 fr. $\frac{3}{5}$ le kilo, 23750 kilos de laine en suint. D'après le numéro précédent, on demande le gain ou la perte qu'aurait faite ce marchand s'il avait payé cette même laine 328 fr. $\frac{4}{7}$ le quintal.

1748. La laine lavée à dos se vend (1870) 3 fr. 25 le kilo, et la laine en suint 1 fr. 65. Une toison en suint pèse, terme moyen, 3 kilog.; l'opération du lavage lui enlève la moitié de son poids. Ceci posé, on demande s'il est préférable de vendre la laine lavée ou en suint. On fera connaître, pour un troupeau de 350 bêtes, le bénéfice résultant du choix du parti le plus avantageux.

VIII. — PROBLÈMES SUR LA RÈGLE DE TROIS SIMPLE.

Explications préliminaires.

1. On appelle *règle de trois* un problème dans lequel les quantités données et l'inconnue peuvent se décomposer en deux séries de même nature et qui, en outre, sont telles que, si l'une de ces données devient un certain nombre de fois plus grande ou plus petite que sa donnée correspondante, l'inconnue devient le même nombre de fois plus grande ou plus petite.

2. La règle de trois est dite *simple* lorsqu'elle ne renferme que trois données.

3. Elle est dite *composée* lorsqu'elle renferme plus de trois données, c'est-à-dire lorsqu'elle est formée de plusieurs règles de trois simples combinées entre elles.

4. Les règles ou problèmes de trois se résolvent par une méthode appelée *méthode de réduction à l'unité*.

5. Pour résoudre un problème par la méthode de l'unité, on écrit, sur une première ligne horizontale, la partie *connue* ou *complète* de la question, en ayant soin de placer le *dernier* le nombre qui correspond à l'inconnue ; on ramène ensuite à l'unité chacune des quantités de cette première ligne, en modifiant le résultat selon que l'indique le raisonnement ; enfin, dans une seconde ligne (et de manière que les quantités de même espèce se correspondent), on écrit, au-dessous de la partie complète, la partie *incomplète*, et l'on modifie de nouveau le résultat suivant le raisonnement. Il ne reste plus alors qu'à effectuer les calculs indiqués [1].

---

1. Nous rappellerons aux Élèves qu'il est très-souvent possible, particulièrement dans les problèmes de trois, d'abréger les calculs : il suffit, pour cela, de supprimer les *facteurs communs* au dividende et au diviseur. Nous les engageons à commencer toujours par là.

1749. Combien 254 kilog. de blé donnent-ils de farine, sachant que 100 kil. de blé en donnent 75 kil ?

1750. Un travail a été fait en 13 jours par 7 ouvriers. Combien eût-il fallu de jours à 9 ouvriers pour faire le même travail ?

1751. Un ouvrage a été fait en 13 jours par 7 ouvriers. Combien eût-il fallu d'ouvriers pour le faire en 10 jours $\frac{1}{9}$?

1752. Sachant que 9 ouvriers ont fait 8 m. $\frac{2}{5}$ d'un certain ouvrage, on demande combien 31 ouvriers de même force feront de mètres de cet ouvrage.

1753. Les forces de deux ouvriers sont dans le rapport de 6 à 7. Combien le premier fera-t-il d'ouvrage pendant que le deuxième en fera 21 mètres ?

1754. La force d'un ouvrier est les $\frac{3}{4}$ de celle d'un autre. Quelle somme gagnera le second pendant que le premier gagnera 138 fr.?

1755. On paie 55 fr. 08 pour 15 kil. 3 de café ; que paiera-t-on pour 0 kil. 735 ?

1756. Un train express fait 550 hectomètres en 53 minutes; combien fera-t-il de kilomètres en 2 heures 39 minutes ?

1757. Il a fallu 39 mètres de drap à $\frac{3}{4}$ de large pour faire un certain nombre de gilets. Si le drap n'avait eu que $\frac{3}{5}$ de large, combien en aurait-il fallu de mètres ?

1758. On veut doubler 75 m. $\frac{1}{5}$ d'une étoffe ayant $\frac{4}{5}$ de large avec de la toile dont la largeur est $\frac{2}{3}$. Combien faudra-t-il de mètres de cette toile ?

1759. Une étoffe, dont la largeur est $\frac{4}{7}$, coûte 18 fr. le mètre. Que coûterait-elle, si sa largeur était $\frac{4}{5}$?

1760. Le mètre d'un drap qui a une largeur de $\frac{7}{8}$ revient à 19 fr. 50. Quelle largeur ce drap devrait-il avoir pour que le mètre ne revînt qu'à 16 fr. 60 ?

1761. En 17 heures $\frac{2}{3}$ une compagnie d'ouvriers a fait 59 m. $\frac{2}{5}$ d'ouvrage. Combien ces mêmes ouvriers feront-ils d'ouvrage en 23 heures $\frac{1}{4}$?

1762. Un ouvrier a employé 9 jours $\frac{2}{3}$, de 8 h. $\frac{4}{5}$ chacun, pour faire un certain travail. Combien eût-il dû travailler d'heures par jour pour faire le même travail en 7 jours $\frac{6}{7}$?

1763. En revendant une marchandise 412 fr. 68, un négociant gagne 14 p. 0/0. Que lui a coûté cette marchandise ?

1764. Un marchand achète 428 m. 75 d'étoffe à 4 fr. 90 le mètre. Sachant qu'on lui fait une remise de 2,25 p. 0/0, on demande combien il doit revendre le mètre pour réaliser un bénéfice total de 318 fr. 50.

1765. Un libraire reçoit, au prix de 3 fr. 20 pièce, 91 volumes. Que doit-il si, pour chaque douzaine, on lui donne le treizième par-dessus ?

1766. Un éditeur vend 52 livres à raison de 2 fr. 25 la pièce; mais il fait une remise de 15 p. 0/0 et donne en outre 13 volumes pour 12. On demande, d'après cela, la somme que doit payer l'acheteur.

1767. Pour faire un trottoir, on emploie 516 dalles de 1 m. 40 de longueur ; combien en emploierait-on si elles avaient 0 m. 25 de moins ?

1768. Combien faudrait-il de mètres de lustrine ayant 0 m. 67 de largeur pour doubler 19 m. 75 de soie de $\frac{7}{8}$ de mètre de largeur ?

1769. On a acheté 16 kil. 8 de beurre pour 36 fr. 96. Quelle quantité de beurre aurait-on eue si l'on avait payé le kilo 5 centimes de moins ?

1770. Pour tapisser une chambre, il a fallu 12 rouleaux de papier de 0 m. 52 de largeur. Combien eût-on employé de rouleaux si le papier n'avait eu que 0 m. 42 de largeur ?

1771. Un homme, d'une taille de 1 m. 68, donne 3 m. 36 d'ombre. On demande la hauteur d'un peuplier qui donne une ombre de 58 m. 80.

1772. Un arbre, dont la hauteur est de 29 m. 40, donne 58 m. 80 d'ombre. Quelle serait la taille d'un homme qui donnerait une ombre de 3 m. 36 ?

1773. Combien pourra-t-on faire de kilogrammes de pain avec 7 sacs de farine pesant net 156 kilos chacun, sachant qu'il faut 36 kilos de farine pour faire 45 kilos de pain ?

1774. Avec 11 kilogrammes de bons chiffons on fait 8 kilos de papier. Combien faut-il de chiffons pour faire 75 rames de papier pesant chacune 78 hectogrammes ?

1775. Le sucre vaut 0 fr. 70 les 500 grammes. Un pain de sucre a coûté 12 fr. 60. Quel en est le poids ?

1776. Une famille a brûlé, dans les mois de décembre, janvier et février, 840 kilos de coke coûtant 2 fr. 20 l'hectolitre. On demande ce que cette famille a dépensé par jour pour son chauffage. On sait que l'hectolitre de coke pèse 46 kil.

1777. Sachant que 10 hectolitres de houille produisent 180 mètres cubes d'hydrogène propre à l'éclairage, on désire connaître la quantité de houille que consommera par semaine une usine à gaz qui doit fournir journellement 6480 mètres cubes de gaz.

1778. 100 degrés du thermomètre centigrade en valent 80 du thermomètre Réaumur. Combien 35 degrés $\frac{2}{3}$ centigrades valent-ils de degrés Réaumur ?

1779. Lorsque le thermomètre Réaumur marque 28 degrés, quelle est, d'après le numéro précédent, la température en degrés centigrades ?

IX. — PROBLÈMES SUR L'INTÉRÊT SIMPLE.

Explications préliminaires.

1. On appelle *intérêt* le revenu d'une somme placée.

2. La somme placée se nomme *capital* ou *principal*.

3. Le revenu annuel d'un capital de 100 fr. est ce qu'on nomme le *taux* de l'intérêt.

4. On appelle *temps* le nombre de jours, de mois ou d'années pendant lesquels le capital est placé.

5. Le taux *légal*, pour les affaires ordinaires, est de *cinq* p. 0/0 ; pour les affaires commerciales, il est de *six* p. 0/0. Un taux plus élevé est qualifié d'*usure* et puni par la loi.

6. L'intérêt est dit *simple* quand le capital reste le même ; il est dit *composé* quand, à la fin de chaque année, on ajoute au capital les intérêts échus.

Nous ne parlerons ici que de l'intérêt simple. (Voir, dans la seconde partie, l'intérêt composé.)

7. Dans les questions d'intérêt, on peut avoir à déterminer quatre choses : 1° l'intérêt ; 2° le capital ; 3° le taux ; 4° le temps.

8. Pour le calcul des intérêts, les mois sont comptés de 30 jours et l'année de 360.

9. Les problèmes d'intérêt, comme les règles de trois, se résolvent par la méthode de l'unité.

10. Quand l'énoncé d'une question ne contient pas un nombre juste d'années ou de mois, on convertit le temps en *jours*.

1780. On demande l'intérêt annuel d'une somme de 6250 fr. placée à 5 p. 0/0.

1781. Quel est, pour 3 ans, l'intérêt de 21850 fr. placés à 4 $\frac{1}{2}$ p. 0/0 ?

1782. Quel est, pour 1 an 7 mois, l'intérêt de 21750 fr. placés à 4 $\frac{1}{2}$ p. 0/0 ?

1783 Déterminer, pour 2 ans 5 mois 8 jours, l'intérêt d'un capital de 945 fr. placé à 5 p. 0/0 par an.

1784. Une somme de 3650 fr. a été placée du 5 avril 1868 au 15 août 1870 On demande à combien s'élèveront les intérêts à cette époque, sachant que le taux est 5 [1].

1785. Un notaire, qui a prêté, à 5 p. 0/0 par an, une somme de 9650 fr., a reçu, sur l'intérêt d'un an, un à-compte de 270 fr. 25. Combien a-t il encore à recevoir ?

1786. Quelle est la somme qui, à 4 $\frac{1}{2}$ p. 0/0, rapporte annuellement 572 fr. d'intérêt ?

1787. De quelle somme devrait disposer une personne pour se faire un revenu annuel de 830 fr., en supposant qu'elle plaçât son avoir à 4 $\frac{2}{3}$ p. 0/0 ?

1788. Quelle somme paiera-t-on une propriété donnant 3052 fr. de revenu annuel, si l'on veut que cette propriété produise 3 $\frac{3}{4}$ p. 0/0?

1789. Quelle est la valeur d'une maison qui rapporte 5 $\frac{1}{2}$ p. 0/0 et dont le revenu annuel est de 325 fr.?

1790 Quel est le plus avantageux de placer 13500 fr. à 4,25 p. 0/0 ou d'acheter, avec cette somme, une terre qui peut être louée 553 fr. 50 par an ?

---

1. Dans ces sortes de questions, on compte le jour où se fait le placement ; mais on ne compte pas celui où l'on retire son argent.

10.

1791. Quel est le plus avantageux de placer 17450 fr. à 4 $\frac{1}{2}$ p. 0/0 ou d'acheter une propriété qui peut être louée 800 fr.?

1792. Une ferme est estimée 24840 fr. Que rapporte-t-elle p. 0/0 si elle est louée 869 fr. 40 par an?

1793. Une personne possède 14500 fr. A quel taux doit-elle placer son argent pour se créer un revenu mensuel de 54 fr. 30?

1794. A quel taux faut-il placer une somme de 25000 fr. pour retirer annuellement un intérêt de 1150 fr.?

1795. Une maison, que je loue 2268 fr. par an, a été payée par moi 37800 fr. A quel taux ai-je ainsi placé mon argent?

1796. Une entreprise communale est mise en adjudication au rabais sur un devis s'élevant à 30123 fr. Un soumissionnaire offre de la faire pour 28968 fr. 90. Un autre offre un rabais de 3 $\frac{1}{2}$ p. 0/0. Auquel des deux doit être adjugé le travail? et quel est le taux du premier rabais?

1797. Quelqu'un emprunte, à 6 p. 0/0, une somme de 1200 fr., et paie, un peu plus tard, 59 fr. d'intérêt. Combien de temps a-t-il gardé cette somme?

1798. Un soldat, à son départ pour l'armée, a prêté, au taux 5, un avoir de 1345 fr. A son retour, il reçoit, tant en capital qu'en intérêts, une somme de 1782 fr. 12 $\frac{1}{2}$. Combien de temps est-il resté absent?

1799. Un ouvrier, qui gagne 4 fr. 20 par jour et qui dépense 2 fr. 15 pour son entretien, veut se faire une rente annuelle de 615 fr. Pendant combien de jours doit-il travailler pour mettre de côté le capital nécessaire à la formation de cette rente, en supposant qu'il le place à 5 p. 0/0?

1800. Un négociant emprunte, au taux de 6, 10000 fr. à un banquier. On demande, en capital et intérêts, la somme que ce négociant devra au bout de 10 mois $\frac{1}{2}$.

1801. Le 25 janvier 1870, vous avez prêté à Louis Brunot, charron à Dijon, pour 8 mois et à 5 p. 0/0 par an, une somme de 380 fr. A l'expiration du temps fixé, il vous rembourse le capital et les intérêts, et vous lui remettez la quittance suivante, que vous compléterez :

Reçu de M. Brunot Louis, charron à Dijon, la somme de trois cent quatre-vingts francs, que je lui ai prêtée le vingt-cinq janvier dernier, plus . . . . . . pour les intérêts de la dite somme à cinq pour cent.

Dijon, le vingt-cinq septembre 1870.

(Signature).

1802. Denis Laurent vous paie aujourd'hui, 15 mai 1870, l'intérêt d'une somme de 530 fr. que vous lui avez prêtée le 16 décembre dernier, au taux de 5 p. 0/0. Faites la quittance. (Les sommes et les dates doivent être écrites en toutes lettres.)

1803. Joly Ernest a prêté, le 20 septembre, au sieur Victor Claude, une somme de 450 fr. que ce dernier lui rembourse le 4 février suivant avec les intérêts calculés sur le pied de 6 p. 0/0 par an. Faites la quittance.

1804. Vous achetez de M. Putois, le 12 mars 1870, des marchandises pour 325 fr. A défaut d'argent, vous lui faites un billet à ordre payable le 10 novembre suivant, moyennant 6 p. p. 0.0 d'intérêt par an. Faites le billet.

1805. Un employé, qui possède 8130 fr., les place à $4\frac{1}{2}$ p. 0/0 le 18 octobre 1864 et les retire le 7 juin 1869. Que recevra-t-il en tout à cette époque?

1806. Un fermier fait tondre son troupeau composé de 230 moutons ; 4 moutons lui donnent en moyenne 11 kil. 95 de laine lavée qu'il vend $\frac{1}{4}$ à 2 fr. 55 le kil., $\frac{1}{3}$ à 2 fr. 85 et le reste à 3 fr. 20. Quelle somme recevra-t-il en tout s'il n'est payé qu'au bout de 6 mois 25 jours, le taux étant 5 ?

1807. Un fabricant de chaussures vend 172 paires de bottines à raison de 141 fr. la douzaine. Il consent à n'être payé qu'au bout de 2 ans 7 mois 14 jours, à la condition que l'acheteur paiera les intérêts sur le pied de 6 p. 0/0. Quelle somme celui-ci devra-t-il verser à cette époque en capital et intérêts ?

1808. Un cultivateur fait tondre un troupeau de 218 moutons

qui lui donnent, l'un portant l'autre, 3 kil. 2 de laine. Il vend les $\frac{2}{5}$ de cette laine au prix de 1 fr. 60 le kilo en suint, le $\frac{1}{3}$ au prix de 1 fr. 70 et le reste au prix de 1 fr. 80. Quelle somme, capital et intérêts compris, recevra-t-il, s'il n'est payé qu'au bout de 6 mois, le taux étant 0 fr. 50 par mois ?

1809. Quelle est la somme qui, au bout d'un an, vaut 9050 fr., capital et intérêts compris, le taux étant 5 ?

1810. On demande la somme qui vaut, tant en capital qu'en intérêts, 420 francs après 5 mois de placement et 444 fr. après 11 mois. Faire connaître aussi le taux auquel cette somme est placée.

1811. En revendant du vin 4 fr. 14 le décalitre, un marchand gagne 15 p. 0/0. Combien avait-il payé l'hectolitre de ce vin ?

1812. En revendant le mètre de drap 13 fr 34, un marchand perd 8 p. 0/0. Dire ce que ce drap lui a coûté le mètre.

X. PROBLÈMES SUR L'ESCOMPTE EN DEHORS OU COMMERCIAL.

Explications préliminaires.

1. On appelle *escompte* la retenue faite sur le montant d'un billet qu'on paie avant l'époque fixée.

2. La somme portée sur le billet, qui est généralement un billet à *ordre* ou une *traite*, se nomme le *montant* ou la *valeur nominale* du billet.

3. La somme qu'on retient pour une valeur de 100 fr., payables le plus souvent dans un an, est dite le *taux* de l'escompte.

4. Le temps qui reste à courir depuis le jour où le billet est fait jusqu'à celui où il doit être payé se nomme le *temps* d'échéance du billet.

5. On appelle *valeur actuelle* ou *valeur réelle* d'un billet la somme qu'on paie, déduction faite de l'escompte.

6. Il y a deux sortes d'escomptes : l'escompte *en dehors* ou escompte du *commerce*, escompte pour lequel la retenue est calculée sur le montant total du billet, et l'escompte *en dedans* ou escompte *mathématique*, escompte pour lequel la retenue est calculée sur la valeur actuelle seulement. Cette dernière manière d'escompter n'est pas en usage dans le commerce.

7. Le taux légal de l'escompte est, comme pour l'intérêt, de 5 p. 0/0 dans les affaires ordinaires, et de 6 p. 0/0 dans les affaires commerciales.

8. L'escompte en dehors ou commercial, qui se *calcule absolument* de la même manière que l'intérêt simple, est toujours plus élevé que l'escompte en dedans.

Nous ne parlerons ici que de l'escompte commercial. (Voir, dans la deuxième partie, l'escompte en dedans.)

1813. Quel est l'escompte commercial d'un effet de 1360 fr. payable dans un an, le taux étant 5 ?

1814. On demande de déterminer l'escompte d'un billet de 1700 fr. payable dans deux ans et escompté au taux de 6 p. 0/0.

1815. Déterminer, au taux 5 et pour 96 jours, l'escompte d'un effet de 2730 fr.

1816. Quel est, à $4\frac{1}{3}$ p. 0/0, l'escompte de 812 fr. payables dans 9 mois $\frac{1}{2}$?

1817. On demande quel sera l'escompte d'une traite de 2500 fr. payable le 15 août 1870 et payée le 20 mai de la même année, le taux d'escompte étant $4\frac{1}{2}$ p. 0/0 [1].

1. On compte le jour où le billet est souscrit, et l'on ne compte pas celui où il est escompté.

10.

1818. On escompte le 20 mars 1869, à $4\frac{2}{3}$ p. 0/0, une traite de 650 fr. payable le 26 décembre suivant. Faire connaître le montant de la retenue.

1819. Le 20 mai 1870, M. Chambon-Perrot, épicier à Auxerre, vous adresse 15 pains de sucre, pesant 6 kil. 90 chacun, à 1 fr. 30 le kilo, et 8 kil. 5 de café à 3 fr. 50. Pour se couvrir, il fait traite sur vous à 30 jours et vous accorde un escompte de 2 p. 0/0. Cela étant, complétez la traite suivante :

B. P. F. . . . . .

Au vingt juin prochain, veuillez payer, contre ce mandat, à l'ordre de M. Courcier, banquier à Joigny, la somme de . . . . , valeur reçue en marchandises et que vous passerez suivant avis de

Votre serviteur,

CHAMBON-PERROT.

Monsieur Gervais,

à Chamvres (Yonne).

1820. On demande la valeur actuelle d'une lettre de change de 750 fr. payable dans 10 mois 5 jours, le taux de l'escompte étant 6.

1821. Un détaillant, qui fait un achat de 475 fr. à 6 mois de terme, se trouve en état de payer au bout de 2 mois. Quelle somme donnera-t-il à cette époque, si le vendeur lui fait une remise calculée sur le pied de 6 p. 0/0 par an ?

1822. Un billet à ordre de 930 fr., payable au 1er août, est passé le 31 mars précédent à une personne. Quelle somme a dû donner celle-ci en échange, le taux d'escompte étant 6 p. 0/0 ?

1823. Un négociant qui emprunte, pour 2 ans 8 mois 15 jours, 5000 fr. à 6 p. 0/0, fait un billet de la somme qu'il devra payer au bout de ce temps. Rédigez-le.

1824. Le propriétaire de ce billet (n° 1823), qui a besoin d'argent, le fait escompter 4 mois $\frac{1}{3}$ après, au taux de 6. Quelle somme recevra-t-il ?

1825. Pour une traite, payable dans 6 mois et escomptée au

taux du commerce, on a reçu une somme de 892 fr. 40. On demande le montant de cet effet.

1826. Un billet, payable dans 5 mois et escompté au taux $5\frac{1}{2}$, a subi une retenue de 62 fr. Quelle est la valeur nominale de ce billet ?

1827. Une lettre de change (traite) de 750 fr., payable dans 5 mois 15 jours, a subi 20 fr. d'escompte : à quel taux a-t-elle été escomptée ?

1828. Pour un billet de 1100 fr. payable dans 9 mois, un banquier donne aujourd'hui 1050 fr. 50. D'après quel taux a-t-il escompté ce billet ?

1829. Un négociant, qui vend le mètre de drap 18 fr. 50 payables à 3 mois, reçoit 168 fr. 683 pour une autre vente faite au comptant. Quel est le taux d'escompte et combien de mètres a-t-il vendus ?

1830. Quel doit être le taux d'escompte d'un effet de 900 fr. à 80 jours d'échéance qui vaut autant qu'un autre de 1000 fr. payable dans 146 jours?

1831. L'administration des postes prenant, en dehors des frais de timbre et d'affranchissement, 2 p. 0/0 pour le transport des articles d'argent, on demande la somme que doit verser au bureau de poste une personne qui veut faire parvenir à un créancier de Bordeaux une somme nette de 1274 fr. On sait que le timbre et l'affranchissement coûtent chacun 0 fr. 25 [1].

1832. On a payé le 8 juin 2030 fr. pour un billet de 2100 fr. escompté au taux du commerce. Quelle en était l'échéance?

1833. Un effet de 1650 fr., escompté à $5\frac{1}{2}$ p. 0/0, a subi une retenue de 45 fr. $37\frac{1}{2}$. Quelle en était l'échéance ?

1834. Le montant d'une traite de 1280 fr., escompté à 6 p. 0/0, a été réduit à 1250 fr. A combien de jours d'échéance était-elle ?

____

[1]. Loi du 24 août 1871.

XI. PROBLÈMES SUR LES RENTES.

Explications préliminaires.

1. On appelle *rentes sur l'État* des intérêts que l'État paie pour des sommes qu'il a empruntées.

2. Il y a actuellement quatre sortes de rentes sur l'État : la rente 5 p. 0/0 ; la rente $4\frac{1}{2}$ p. 0/0 ; la rente 4 p. 0/0 et la rente 3 p. 0/0.

3. Les rentes se désignent généralement par le taux de l'intérêt qu'elles produisent. Ainsi on dit : la rente 5 p. 0/0 ; la rente $4\frac{1}{2}$ p. 0/0 ; la rente 4 p. 0/0 ; la rente 3 p. 0/0, ou, plus simplement : le 5 p. 0/0 ; le $4\frac{1}{2}$ p. 0/0 ; le 4 p. 0/0 ; le 3 p. 0/0.

4. Lorsque l'État a besoin d'argent, il ouvre un emprunt national auquel tout le monde peut souscrire. La somme qu'on donne alors pour avoir la rente fixée est ce qu'on nomme le prix d'*émission*.

5. Dans les emprunts contractés par l'État, le taux de la rente ne change jamais ; le prix de la rente seul varie.

6. On nomme *cours* de la rente la somme qu'il faut verser pour avoir, soit une rente de 5 fr., soit une rente de 4 fr. 50, soit une rente de 4 fr., soit une rente de 3 fr.

7. Les rentes sur l'État se vendent et s'achètent comme une marchandise quelconque ; mais l'achat et la vente, à l'exception des titres *au porteur* qui se transmettent de la main à la main, ne peuvent être faits qu'au palais de la Bourse et par l'intermédiaire d'un *agent de change*.

8. On nomme *courtage* le droit que perçoit, pour son salaire, l'agent de change. Ce droit est de $\frac{1}{800}$ du prix de la rente achetée ou vendue.

9. Lorsqu'on souscrit directement à un emprunt, on le fait sans le ministère d'un agent de change. Dans ce cas, on n'a pas de courtage à payer.

10. Outre le courtage, l'acheteur paie des frais de *timbre* qui sont de 0 fr. 50 jusqu'a 10000 fr. de capital employé inclusivement, et de 1 fr. 50 à partir de cette somme.

11. On appelle *hausse* ou *baisse* les variations que subit le cours ou prix de la rente.

12. On dit que la rente est au *pair* quand le taux du placement est juste 5 p. 0/0, abstraction faite des frais de courtage et de timbre.

13. Ceux qui achètent des rentes sur l'État reçoivent des titres qu'on appelle *inscriptions* de rente, titres qui sont extraits d'un registre à souche nommé le *grand livre* de la *dette publique.*

14. Il y a deux sortes d'inscriptions de rente : les inscriptions *au porteur* et les inscriptions *nominatives.*

15. Les inscriptions au porteur ne désignent pas l'individu qui les possède. Ainsi que l'indique leur nom, elles appartiennent à celui qui les porte.

16. Les inscriptions nominatives désignent, elles, le nom de leur propriétaire.

17. La rente 5 p. 0/0 se paie par trimestre les 16 février, 16 mai, 16 août et 16 novembre [1].

18. Les rentes $4\frac{1}{2}$ et 4 p. 0/0 se paient de 6 mois en 6 mois : moitié le 22 mars et moitié le 22 septembre.

19. La rente 3 p. 0/0 se paie par quarts de 3 mois en 3 mois et aux dates suivantes : le 1er janvier, le 1er avril, le 1er juillet et le 1er octobre.

20. L'État n'est pas tenu de rembourser les sommes qu'il emprunte ; il doit seulement en payer les intérêts ou rentes aux époques indiquées ci dessus.

21. Les problèmes relatifs aux rentes sur l'État se résolvent

---

1 Emprunt de 2 milliards pour le paiement de la dette prussienne (27 juin 1871).

de la même manière que ceux d'intérêt, en observant toutefois qu'il n'est jamais question de temps dans ces problèmes.

1835. Combien coûteront, frais de courtage et de timbre non compris, 27 francs de rente 3 p. 0/0 au cours de 72 fr. 92 ?

1836 Combien coûteront 1° 90 francs de rente $4\frac{1}{2}$ p. 0/0 au cours de 103 fr. 50 ? 2° 120 fr. de rente 4 p. 0/0 au cours de 92 fr. 40 ?

1837. Que faudrait-il payer le 3 p. 0/0, le 4 p. 0/0 et le $4\frac{1}{2}$ p. 0/0 pour placer son argent à 5 p. 0/0 ?

1838. Quel sera le prix de 940 francs de rente 3 p. 0/0 achetée au cours de 68 fr. 10 ?

1839. La rente 3 p. 0/0 étant à 72 fr. 70, combien paiera-t-on 87 francs de cette rente ?

1840. On demande de déterminer le montant de la rente 3 p. 0/0 qu'on pourra acheter avec un capital de 15500 francs, lorsque cette rente est au cours de 67 fr. 60.

1841. Le $4\frac{1}{2}$ p. 0/0 étant au cours de 103 fr. 80, combien peut-on acheter de cette rente avec 4982 fr. 40 ?

1842. Un capitaliste achète de la rente 5 p. 0/0 au cours de 91 fr. 20 ; à quel taux place-t-il ainsi son argent ? [1]

1843. En achetant de la rente $4\frac{1}{2}$ au cours de 102 fr., à quel taux place-t-on ses fonds ?

1844. On a payé 12441 francs pour avoir 572 francs de rente 4 p. 0/0. Quel était le cours de cette rente ?

1845. Un fermier vend 300 moutons à 26 fr. 22 la pièce. Avec le produit de cette vente, il achète de la rente 3 p. 0/0 et

---

1. A l'époque où ces questions ont été rédigées, les fonds publics étaient beaucoup plus chers qu'aujourd'hui Nous n'avons pas, néanmoins, cru devoir modifier nos premiers chiffres, parce que nous sommes convaincu que la rente montera.— Actuellement, il n'y a de juste dans ce paragraphe que les données relatives au nouveau 5 p 0/0.

se fait ainsi un revenu de 347 francs. Quel était alors le cours de cette rente ?

1846. Quel est le plus avantageux d'acheter du 3 p. 0/0 au cours de 72 fr. 65 ou du $4\frac{1}{2}$ au cours de 103 fr. 80 ?

1847. Le 28 juin 1867, le cours de la rente 3 p. 0/0 était de 69,15 et celui de la rente $4\frac{1}{2}$, de 98,75. Un cultivateur avait à placer une économie de 3500 francs. Laquelle des deux rentes a-t-il dû choisir ? (Concours des Écoles de l'Yonne, 4 juillet 1867.)

1848. Le 29 juin 1870, le 3 p. 0/0 était au cours de 72,55 et le $4\frac{1}{2}$, au cours de 103,80. Quelle était la moins chère des deux rentes ?

1849. Le 3 p. 0/0 est à 72,95 et le $4\frac{1}{2}$ à 103,95. Quelle est la rente qu'on doit préférer ?

1850. Lorsque le 4 p. 0/0 est au cours de 88 francs, quel devrait être celui du 3 p. 0/0 pour que les deux rentes coûtassent proportionnellement le même prix ?

1851. Quand le $4\frac{1}{2}$ p. 0/0 baisse de 1 fr. 50, quelle doit être la baisse correspondante du 4 ?

1852. Que coûteraient 850 francs de rente 4 p. 0/0, frais de courtage et de timbre compris, au cours de 83, 70? (Voir les n°⁸ 8 et 10 des explications, page 176).

1853. Quel serait le prix, courtage et timbre compris, de 1500 fr. de rente $4\frac{1}{2}$ p. 0/0 au cours de 93 fr. 15?

1854. On a acheté 1200 fr. de rente $4\frac{1}{2}$ p. 0/0 au cours de 92 fr. 50; quel est le montant de la dépense, en tenant compte des frais de courtage?

1855. Quelle somme devra verser, courtage et timbre compris, une personne qui veut se faire, en 3 p. 0/0, au cours de 67 fr. 80, une rente trimestrielle de 420 fr. ?

1856. On a acheté 1950 fr. de rente 5 p. 0/0 au cours de 91 fr. 85 ; on revend cette rente au cours de 93 fr. 60 : quel est le bénéfice total ?

1857. Quel doit être le cours du $4\frac{1}{2}$ pour que cette rente soit au pair ? (Voir le n° 12 des explications, page 177.)

1858. Combien aura-t-on de rente $4\frac{1}{2}$ p. 0/0, au cours de 92 fr. 50, avec un capital de 28156 fr. 65, frais de courtage et de timbre compris ?

XII. PROBLÈMES SUR LES PARTAGES PROPORTIONNELS ET LA RÈGLE DE SOCIÉTÉ.

Explications préliminaires.

1. On appelle *partages proportionnels* des questions où il s'agit de partager une quantité donnée en parties proportionnelles à des nombres également donnés, c'est-à-dire en parties telles que, divisées l'une par l'autre, elles donnent le même quotient que les deux nombres proportionnels qui leur correspondent. Ainsi, partager 64, par exemple, en deux parties proportionnelles aux nombres 3 et 5, c'est partager ce nombre en deux parties telles que la première, divisée par la seconde, donne le même quotient que le nombre 3 divisé par 5.

2. On appelle *règle de société* toute question où il s'agit de partager entre des associés le *bénéfice* ou la *perte* résultant d'une association.

3 Le gain ou la perte sont toujours proportionnels aux mises des sociétaires et aux temps pendant lesquels ces mises sont restées dans la société.

4. Les problèmes relatifs aux partages proportionnels et aux

sociétés se résolvent tous, comme les règles de trois et d'intérêt, par la méthode de réduction à l'unité.

1859. Partager 90 en parties proportionnelles aux nombres 4 et 6.

1860. Partager 780 proportionnellement aux nombres 3, 5 et 7.

1861. Partager 300 en deux parties telles que la première soit à la deuxième comme 2 est à 5.

1862. Trois ménagères donnent à un tisserand, la première 56 kilos de fil, la deuxième 70 kilos, et la troisième 64 kilos. Le tisserand ayant fait avec ce fil 380 mètres de toile, quelle est la quantité d'étoffe qui revient à chaque ménagère ?

1863. 38 terrassiers ont reçu 10906 fr. pour le creusement d'une partie de canal. 6 ont travaillé pendant 110 jours ; 8 pendant 130 jours ; 4 pendant 140 jours, et les autres pendant 100 jours. Que gagnait chaque ouvrier par jour ?

1864. Deux messagers ont reçu ensemble une somme de 258 fr. 40. Le premier a transporté 8000 kilos de marchandises à 76 kilom. ; le second en a transporté 96 quintaux à 90 kilom. Déterminer la part revenant à chacun d'eux.

1865. Deux maquignons ont loué en commun une prairie pour 535 fr. 50. Le premier y a fait paître 60 vaches pendant 12 jours ; le second, 45 vaches pendant 18 jours. Combien chaque maquignon doit-il payer de fermage ?

1866. Le métal de cloche est composé de 77 parties de cuivre, de 21 d'étain et de 2 de zinc. Déterminer, d'après cela, les quantités de chacun de ces métaux qui entrent dans une cloche du poids de 1000 kilos.

1867. Le beau cristal s'obtient en fondant ensemble, dans les proportions indiquées ci-après, les matières suivantes : sable blanc 39 parties ; minium 22 parties ; potasse 11,4 ; débris de cristal 26,1 ; nitre 1,499 ; peroxyde de manganèse 0,0005 ; acide arsénieux 0,0005. On demande combien il entre de chacune de ces substances dans 13145 kilos de cristal.

11

1868. 12 hommes, 6 femmes et 8 enfants travaillent dans une fabrique. On propose de leur partager une gratification de 292 fr. proportionnellement à leur salaire. On sait que chaque homme gagne 4 fr. par jour, chaque femme 2 fr. 50, et chaque enfant 1 fr. 25.

1869. Une usine occupe 18 hommes, 10 femmes et 8 enfants. Les hommes gagnent 3 fr. 60 par jour chacun, les femmes 1 fr. 85, et les enfants 1 fr. 20. Une gratification de 133 fr. leur étant distribuée en proportion de ce qu'ils gagnent par jour, on demande de déterminer la part de chacun.

1870. Partager 432 en parties proportionnelles aux nombres 2, 3, 5 et 6.

1871. Partager 264 en 3 parties qui soient entre elles comme les nombres $\frac{1}{2}$, $\frac{2}{3}$ et $\frac{3}{4}$.

1872. Partager 1270 francs en 4 parties proportionnelles aux nombres 3, $4\frac{1}{3}$, $5\frac{1}{5}$, et $6\frac{2}{7}$.

1873. Une personne, qui doit à 3 créanciers, savoir : 8050 fr. au premier, 2970 fr. au deuxième et 7170 fr. au troisième, laisse en mourant 13646 fr. seulement. Quelle somme recevra chaque créancier et combien p. 0/0 ?

1874. Un commerçant, déclaré en faillite, laisse un actif (avoir) de 21380 fr. et un passif (dette) de 91000 fr. Combien, déduction faite des frais de justice, qui s'élèvent à 3180 fr., les créanciers toucheront-ils p. 0/0 ? et combien l'un d'eux, à qui il est dû 3100 fr., recevra-t-il pour sa part ?

1875. Un négociant, qui fait faillite, laisse un passif de 245800 fr. et un actif de 137760 fr. Les frais de justice s'étant élevés aux $\frac{2}{21}$ de l'actif, on demande de déterminer la somme que touchera un créancier auquel il est dû 19250 fr.

1876. Deux associés ont consacré 3000 fr. à l'exploitation d'une carrière. Le premier a versé 1800 fr. et le second 1200 fr. Sachant que le gain total a été de 2400 fr., on demande la part de bénéfice qui revient à chacun.

1877. Un préfet reçoit une somme de 1924 fr destinée à venir en aide à 4 familles victimes d'un incendie. La première a fait une perte de 1800 fr., la deuxième une perte de 1400 fr., la troisième, de 1100 fr , et la quatrième, de 510 fr. Faire connaître le montant du secours que chaque famille recevra.

1878. Quatre personnes ont mis leurs fonds en commun dans une entreprise qui a donné 1200 fr. de bénéfice. On demande la part du gain qui revient à chacune d'elles, sachant que la mise de la première était de 3000 fr., celle de la deuxième de 5000 fr., celle de la troisième de 4200 fr., et celle de la quatrième de 2400 fr.

1879. Trois cantons doivent fournir un contingent de 114 soldats. Le premier compte 124 conscrits, le deuxième 113 et le troisième 143. Quelle sera, d'après cela, la part contributive de chaque canton dans ce contingent?

1880. Un négociant, qui doit 40000 fr., est déclaré en faillite. Son actif se montant à 24000 fr., on demande ce que les créanciers, déduction faite des frais de justice, qui s'élèvent à 1800 fr., recevront par franc ou, en d'autres termes, quel sera le *marc le franc.*

1881. Trois héritiers reçoivent, dans un même héritage, l'un 4700 fr., l'autre 3200, et le troisième 12500, à condition de payer ensemble une dette de 2000 fr. Quelle est la part nette de chaque héritier?

1882. Trois personnes ont fait un fonds commun de 12000 fr. La première a eu 300 fr. pour sa part de bénéfice, la deuxième 350 fr., et la troisième 550. Quelle a été la mise de chacune ?

1883. Trois associés ont fait, dans une entreprise, une perte de 12600 fr. Le premier a perdu 3900 fr., le second 4200, et le troisième le reste. La mise du deuxième ayant été de 14000 fr., on demande celle de chacun des deux autres.

XIII. PROBLÈMES SUR LES MOYENNES, LES MÉLANGES ET LES ALLIAGES.

Explications préliminaires.

1. On entend par *règle des moyennes* une question où il s'agit de trouver, soit en gain ou en perte, soit en produit, soit en valeur, le *résultat moyen* de plusieurs choses *non mélangées*.

3. On appelle *mélange* le résultat de la combinaison de substances liquides ou de matières sèches, telles que du vin, de l'eau, du blé, du café, etc.

3. On appelle *alliage* le résultat de la combinaison de plusieurs métaux, tels que du plomb, du cuivre, du zinc, etc.

4. En arithmétique, les mots mélange et alliage sont *synonymes.*

5. La *règle* de *mélange* ou d'*alliage* est une opération qui a pour but de trouver le *prix moyen* de plusieurs substances mélangées, connaissant les quantités et les valeurs particulières de chacune d'elles.

6. La règle de mélange a aussi pour but, connaissant la valeur et la quantité du mélange, ainsi que le prix de chacune des matières mélangées, de déterminer les quantités respectives de ces matières qui entrent dans le mélange. Nous ne nous occuperons de ce dernier cas que dans la seconde partie.

7. Les problèmes de mélange et d'alliage se résolvent par la méthode de l'unité.

1884. Un ouvrier gagne 2 fr. 25 le lundi, 2 fr. 80 le mardi, 3 fr. 15 le mercredi, 1 fr. 75 le jeudi, 2 fr. 10 le vendredi, et 1 fr. 95 le samedi. Que gagne-t-il en moyenne par jour ?

1885. On a mesuré une portion de route quatre fois et l'on a successivement trouvé : 5135 m. 25 ; 5133 m. 90 ; 5136 m. 105 ;

5134 m. 865. Quelle est, si l'on prend la moyenne, la longueur de cette portion de route ?

1886. Le cours du 3 p. 0/0 a été, le 4 juillet 1870, de 72 fr. 30 , 72 fr. 25 et 70 fr. 80. Déterminer le cours moyen du jour [1].

1887. Au marché de Sens du 3 juillet 1870, les blés se sont vendus, suivant qualité, 21 fr. 75, 22 fr. 70, 23 fr. 60 et 25 fr. 20 l'hectolitre. Dites quel a été, ce jour-là, le prix moyen de l'hectolitre de blé.

1888. On mélange 140 litres de vin à 0 fr. 60 le litre, 100 litres à 0 fr. 50 et 86 litres à 0 fr. 40. Quel est le prix du litre de mélange ?

1889. Au marché de Troyes (2 juillet 1870), il s'est vendu 806 hectolitres de blé, dont 257 au prix de 19 fr. 75 l'hectolitre; 309 au prix de 21 fr. 85, et le reste au prix de 23 fr. 90. On demande quel a été, ce jour-là, le cours moyen de l'hectolitre de blé.

1890. On obtient une très-bonne encre par le mélange des substances suivantes qu'on fait bouillir ensemble pendant environ 6 minutes : eau, 10 litres, noix de galle, 1 kil. 4 à 2 fr. 20 le $\frac{1}{2}$ kilo ; couperose verte, 840 grammes à 0 fr. 04 le $\frac{1}{2}$ hectog.; gomme arabique, 44 décag. à 2 fr. 35 le kilo; vitriol bleu, 230 gr. à 1 fr. 40 le kilo; sucre candi, 12 décag. à 2 fr. 10 le $\frac{1}{2}$ kilo. A combien revient le litre d'encre ainsi obtenue ?

1891. Un orfèvre fond ensemble 3 lingots d'or, le premier, de 8 grammes, au titre de 0,950, le deuxième, de 12 grammes, au titre de 0,920, et le troisième, de 15 grammes, au titre de 0,840. Quel est le titre de l'alliage obtenu ? [2]

1. A la Bourse, les agents de change, pour plus de simplicité, déterminent le prix moyen du jour en prenant la *moitié* de la somme du plus *haut* cours et du cours le plus *bas*. Ce n'est pas juste.

2. Quand on dit qu'un lingot d'or ou d'argent est au titre de 0,950, par exemple, cela signifie que, sur 1000 parties de ce lingot, il y en a 950 en or ou en argent pur, ou, en d'autres termes, que ce lingot contient, en or ou en argent fin, les 950 millièmes de son poids total.

1892. Tous les objets d'or et d'argent doivent, avant d'être livrés au commerce, être vérifiés et poinçonnés. Ceux d'argent paient, pour le contrôle, 1 fr. par 100 gr. plus 0 fr. 15 par franc ; ceux d'or paient 20 fr. par 100 gr. plus aussi 0 fr. 15 par franc. Que coûte, d'après cela, le contrôle 1° d'une timbale en argent du poids de 25 gr. ? 2° d'une chaîne en or pesant 12 gr. $\frac{1}{2}$? [1] ?

1893. On a fondu ensemble 4 kilos d'argent au titre de 0,910 ; 1 kil. 7 au titre de 0,840 et 2 kil. 3 au titre de 0,780. Quel est le titre de l'alliage ainsi obtenu ?

1894. On allie 73 grammes d'or au titre de 0,840 et 4126 décigrammes d'argent au titre de 0,850. Quelle est la valeur d'un gramme de l'alliage ? On sait que 900 grammes d'argent pur valent 198 fr. 50, et que 900 grammes d'or pur valent 3093 fr. 30. (Voir la note au bas de la page 119.)

1895. On compte en France environ 40716 hectares cultivés en mûriers pour la nourriture des vers-à-soie, lesquels donnent 12529058 kil. de cocons évalués 49334290 fr. On demande: 1° le poids des cocons fournis en moyenne par hectare ; 2° le prix moyen du kilo de cocons ; 3° le produit moyen d'un hectare de terre planté de mûriers.

1896. Un cabaretier remplit un fût de 228 litres avec 30 litres d'eau-de-vie à 1 fr. 10 ; 132 litres à 1 fr. 20 et de l'eau-de-vie à 1 fr. 40. Combien doit-il vendre le litre du mélange pour gagner 20 p. 0/0 ?

1897. On sait que les pièces de canon sont composées de 90 parties de cuivre et de 10 d'étain. Le cuivre valant 3 fr. 40 le kilo et l'étain 4 fr. 95, on demande le prix de revient d'une pièce de canon pesant 2500 kilos.

1898. La plus grande distance de la terre au soleil est d'environ 154 millions de kilomètres, et sa plus courte de 151 millions. Quelle est, d'après cela, sa distance moyenne du soleil ?

---

1. La loi admet deux titres pour les objets d'argent et trois pour ceux d'or. Les titres, pour les objets d'argent, sont 0,950 et 0,800 ; pour les objets d'or, 0,920, 0,840 et 0,750.

1899. Un maître charpentier emploie 18 ouvriers, savoir :
7 à 3 fr. 10 par jour ; 6 à 2 fr. 80, et le reste à 2 fr. 50. Combien paie-t-il en moyenne la journée d'un ouvrier ?

1900. Les cours des quatre grands fleuves français sont :
Loire, 1000 kilom.; Rhône, 812 kilom.; Seine, 800; Garonne, 580. Quel est le cours moyen de chacun de ces fleuves ?

1901. Le verre à vitre se compose généralement de 0,72 de silice ; 0,14 de soude; 0,12 de chaux et 0,02 d'alumine. On demande, d'après cela, combien il entre de chacune de ces quatre substances dans 10000 kilos de verre à vitre.

1902. En fondant ensemble 70 parties de poix de Bourgogne, 18 parties de cire, 6 parties de résine et 3 de suif, on obtient un excellent mastic à greffer. Combien faudrait-il de chacune de ces substances pour composer 17 kil. 5 de ce mastic ?

1903. Un marchand fait un mélange de 3 pièces de vin ; la première, de 120 litres, lui coûte 60 fr.; la deuxième, de 100 litres, lui coûte 40 fr., et la troisième, de 80 litres, 32 fr. Combien devra-t-il vendre le litre du mélange, s'il veut gagner 30 fr. sur le tout ?

1904. Lorsqu'un vin est aigre, on fait disparaitre cet inconvénient en ajoutant à 100 litres de ce vin environ 4 kilos de cassonade dissous dans 50 litres d'eau. La cassonade valant 1 fr. 20 le kilo, on demande combien, pour rentrer dans ses fonds, un marchand devra revendre 54 hect. 40 de vin acheté 54 fr. 40 la pièce de 272 litres et traité comme il vient d'être dit.

XIV. PROBLÈMES DE RÉCAPITULATION SUR LES RÈGLES DE TROIS, D'INTÉRÊT, D'ESCOMPTE, DE PARTAGES PROPORTIONNELS, DE MÉLANGE ET SUR LES RENTES.

1905. Un marchand de faïence achète 375 vases à 18 fr. pièce ; il veut gagner 540 fr. sur le tout : combien doit-il revendre la douzaine, sachant qu'il a cassé 15 vases ?

1906. Une personne charitable rencontre des pauvres auxquels elle donne 0 fr. 05 par chaque franc qu'elle possède. Son aumône faite, elle n'a plus que 376 fr. : qu'avait-elle d'abord ?

1907. Un homme gagne 4 fr. 25 par jour. Que doit-on lui payer pour 11 jours 6 heures 35 minutes, la journée étant de 10 heures ?

1908. Un ouvrier est payé à raison de 4 fr. 56 et sa femme à raison de 1 fr. 71 par journée de travail de 9 h. $\frac{1}{2}$. Combien devront-ils travailler de temps pour gagner ensemble 511 fr. 61 ?

1909. Un épicier mêle 7 kil. 8 d'huile à 43 hectog. 96 ; la première huile valant 212 fr. 80 le quintal et la seconde 2009 fr. la tonne, on demande le prix du kilo d'huile mélangée.

1910. On fond ensemble 11 gr. d'or pur et 13 gr. d'argent. Quelle est la valeur d'un gramme de l'alliage. (Voir la note au bas de la page 119.)

1911. Quel est le volume du soleil, sachant qu'il est 1384472 fois plus gros que la terre, laquelle a 1083150 quatrillions de mètres cubes ?

1912. La superficie de la France est de 543051 kilom. carrés. Quelle est sa superficie en hectares ?

1913. Il faut 3 mètres de toile à $\frac{3}{4}$ de large pour doubler une étoffe ; si l'on prend de la toile à $\frac{7}{8}$ de large, combien en faudra-t-il de mètres ?

1914. Quel est le poids total d'une pièce de vin de 2 hectol. 28, la densité du vin étant 0,99 et le fût vide pesant 16 kil. 8 ?

1915. On évalue à 3295148 kilos la quantité de soie grége annuellement mise en œuvre à Lyon. Le prix de cette matière est en moyenne de 60 fr. le kilo. D'après cela, on demande : 1° le prix de la matière première qu'on emploie chaque année à la confection des soieries ; 2° le poids des cocons qui produisent cette soie, sachant que 50 kilos de cocons donnent 9 kil. de soie.

1916. La bougie stéarique se vend en paquets de $\frac{1}{2}$ kilo contenant chacun 5 bougies. De 100 kilos de suif on retire 45 kilos d'acide stéarique (matière des bougies). Déterminer, d'après cela, le nombre des bougies qu'on pourra faire avec 448 kil. de suif.

1917. Le père et le fils ont ensemble 48 ans, et l'âge du père vaut 3 fois celui du fils : quel est l'âge de chacun d'eux ?

1918. Un père a 36 ans de plus que son fils, et, dans 5 ans, l'âge du père sera le triple de celui du fils : quel est l'âge de chacun ?

1919. Une mère avait 24 ans à la naissance de son fils aîné et 34 lorsque le cadet naquit. Quel sera l'âge de chacun des enfants lorsque la mère aura 98 ans ?

1920. Pendant combien de temps faut-il placer 5420 fr. pour que cette somme produise, à 5 p. 0/0 par an, 203 fr. 25 d'intérêt ?

1921. A quel taux faut-il placer 2025 fr. pour que ce capital devienne, après 8 mois, 2087 fr. 10, capital et intérêts compris ?

1922. Quel est le capital qui, placé à 5 p. 0/0, est devenu 6074 fr. 75 au bout de 3 ans $\frac{1}{2}$?

10.

1923. Un capital, placé à 5 p. 0/0 pendant deux ans 6 mois, vaut, au bout de ce temps, 10147 fr. 95 : quel est-il?

1924. Une ménagère fait confectionner 24 chemises avec une toile qui revient à 2 fr. 70 le mètre. Il faut 2 m. 60 pour chaque chemise, et l'on donne, non compris la nourriture, 6 fr. 30 par semaine de 6 jours à l'ouvrière. Calculer le prix des 24 chemises, sachant que l'ouvrière en fait 2 en 3 jours et qu'il entre pour 0 fr. 60 de fournitures dans chaque chemise. La nourriture est évaluée à 0 fr. 75 par jour.

1925. Combien dépensera-t-on pour soufrer une vigne atteinte d'oïdium, sachant : 1° que sa contenance est de 7500 mètres carrés ; 2° qu'il faut 12 kil. de soufre et deux journées de travail à un homme par hectare ; 3° que le soufre coûte 40 fr. le quintal ; 4° que le prix de la journée est de 2 fr. 50?

1926. Quel est le nombre dont la moitié surpasse le tiers de 4?

1927. Quel est le nombre qui, augmenté de sa moitié de son tiers plus 1, devient 111?

1928. Quel est le plus avantageux d'acheter du 3 p. 0/0 au cours de 69 fr. ou du $4\frac{1}{2}$ au cours de 97?

1929. Lorsque les $4\frac{1}{2}$ p. 0/0 est à 96, quel devrait être le cours correspondant du 3 p. 0/0?

1930. Une personne achète 3000 de rente 3 p. 0/0 au cours de 70 fr. 80. La rente baisse de 0 fr. 30 : quelle serait sa perte totale si elle revendait?

1931. Un épicier achète du sucre à 150 fr. les 100 kilos; il donne $\frac{1}{2}$ p. 0/0 au courtier et se réserve de gagner 12 p. 0/0. Combien doit-il revendre le kilo de sucre?

1932. Un marchand, qui vend de l'huile au prix de 0 fr. 70 le demi-kilo, donne pour l'achat 6 p. 0/0 de courtage et gagne à la vente 10 p. 0/0 net. Combien a-t-il payé le quintal d'huile?

1933. J'ai pensé un nombre ; j'en prends le $\frac{1}{4}$, que je multiplie par 5 ; je prends ensuite les $\frac{2}{3}$ du résultat, et je trouve 20 : quel était le nombre pensé ?

1934. On multiplie un nombre par 5 ; on retranche ensuite 24 du produit, puis l'on divise le reste par 6, et l'on ajoute 13 au quotient. De cette façon, on retrouve le nombre lui-même. Quel est-il ?

1935. La somme de deux nombres est 336 et leur quotient 13 : quels sont ces deux nombres ?

1936. On a $7\frac{3}{4}$ à multiplier par $2\frac{4}{5}$. Quelle quantité devrait-on ajouter au multiplicateur pour que le produit fût augmenté de $19\frac{1}{8}$?

1937. On a $8\frac{2}{3}$ à diviser par $5\frac{1}{4}$. Quelle quantité devrait-on ajouter au dividende pour que le deuxième quotient devînt les $\frac{11}{3}$ du premier ?

1938. Trouver un nombre qui, divisant $487\frac{2}{15}$, diminue cette dernière quantité de $337\frac{4}{9}$.

1939. Quel est le prix de 100 fagots achetés à raison de 3 fr. 25 la douzaine, sachant qu'on donne le $\frac{1}{13}$ par-dessus ?

1940. On demande le prix de 17000 tuiles à 21 fr. le mille, sachant qu'on donne les 4 au cent.

1941. Partager 2448 en deux parties telles que l'une soit le double de l'autre.

1942. Partager la somme de 391 fr. en 3 parties, de manière que la deuxième soit les $\frac{5}{7}$ de la première et les $\frac{7}{11}$ de la troisième.

1943. On partage 720 cerises entre trois enfants, de manière que, quand le premier a 2 cerises, le deuxième en a 6, et que quand le deuxième en a 3, le troisième en a 12. Combien, d'après cela, chaque enfant reçoit-il de cerises ?

1044. Les habitants d'une commune ont constitué une société d'assurance contre la mortalité des bestiaux. La valeur totale des bêtes assurées est de 202180 fr. Un des associés perd une vache du prix de 340 fr. Quelle somme recevra-t-il de la société, et combien devra payer un sociétaire dont les bestiaux sont estimés 1450 fr.?

1945. 100 parties de lait donnent, terme moyen, 18 parties de crème, laquelle fournit 24 p. 0/0 de beurre Cela étant, on demande combien il faut de litres de lait, dont la densité est 1,03, pour faire 94 kilos de beurre?

1946. Un travail communal est mis en adjudication au rabais sur un devis s'élevant à 20245 fr. Un soumissionnaire offre de le faire pour 19354 fr. 22; un autre offre un rabais de 3,60 p. 0/0. Auquel des deux doit être adjugé le travail? et quel est le taux du premier rabais?

1947. Une fermière achète 13 m. 80 d'étoffe à 11 fr. 20 le mètre. Le mètre avec lequel on a mesuré étant trop court de 0 m. 007, on demande la perte subie par la fermière.

1948. En mesurant la distance de deux points avec un décamètre trop long de 0 m. 08, on a trouvé 3 kilom. 43. Quelle est la véritable distance de ces deux points ?

1949. Une personne fait escompter par un banquier un billet de 674 fr. 40 payable dans dix mois; elle reçoit 637 fr. 87 : quel a été le taux de l'escompte ?

1950. Un détaillant achète 37 mètres d'étoffe pour 385 fr. Le marchand lui faisant une remise de 6 p. 0/0, on demande que le détaillant doit revendre le mètre pour gagner net 16 p. 0/0.

XV. PROBLÈMES SUR LES SURFACES [1].

Explications préliminaires.

1. On appelle *surface* l'étendue considérée sous deux dimensions : longueur et largeur.

2. On désigne généralement toute surface par le mot polygone. Un *polygone* est donc une surface quelconque. Les lignes qui le limitent se nomment ses *côtés*.

3. Les polygones portent différents noms, selon qu'ils ont un plus ou moins grand nombre de côtés. Ainsi on distingue : le *triangle* (polygone de 3 côtés) ; le *quadrilatère* (polygone de 4 côtés) ; le *pentagone* (polygone de 5 côtés) ; l'*hexagone* (polygone de 6 côtés) ; l'*octogone* (polygoue de 8 côtés) ; le *décagone* (polygone de 10 côtés).

Il y a encore un autre polygone dont nous parlerons plus loin : c'est le *cercle*.

4. On distingue 5 sortes de quadrilatères : le *carré*, le *parallélogramme*, le *rectangle*, le *trapèze* et le *losange*.

6. On appelle *carré* un quadrilatère dont les côtés sont égaux et les angles droits. — La figure ABCD est un carré.

7. La surface d'un carré s'obtient en multipliant l'un quelconque de ses côtés par lui-même. La surface du carré ci-contre est donc de 8 m. 50 $\times$ 8 m. 50 $=$ 72 m. c. 25.

8. Le *mètre carré* est l'*unité* des surfaces en général, et l'*are*, qui est égal au *décamètre carré*, celle des surfaces agraires.

---

1. On trouvera, dans la seconde partie, des notions de géométrie pratique plus étendues et des problèmes plus nombreux et plus difficiles.

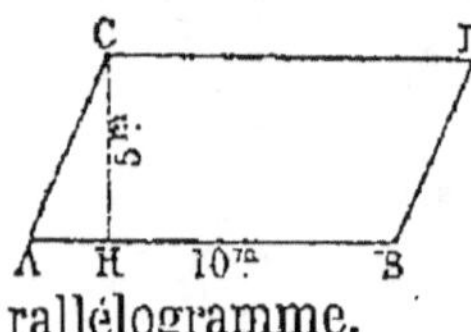

9. On appelle *parallélogramme* un quadrilatère dont les côtés opposés sont égaux et parallèles deux à deux et les angles non droits. — La figure ABCD est un parallélogramme.

10. On nomme *base* d'un parallélogramme l'un quelconque des côtés, AB, par exemple, et *hauteur* la perpendiculaire qui joint les deux bases, c'est-à-dire CH.

11. La surface d'un parallélogramme s'obtient en multipliant sa base par sa hauteur. La surface du parallélogramme ci-contre est par conséquent de 10 m. $\times$ 5 $=$ 50 mètres carrés.

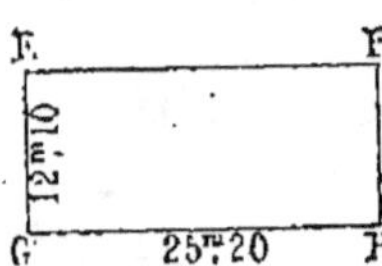

12. On appelle *rectangle* un quadrilatère dont les côtés opposés sont égaux deux à deux et les angles droits. — La figure EFGH est un rectangle.

13. On nomme *base* d'un rectangle l'un quelconque des côtés, GH, par exemple, et *hauteur* le côté GE ou HF.

14. La surface d'un rectangle s'obtient en multipliant sa base par sa hauteur, ou, ce qui revient au même, sa longueur par sa largeur. La surface du rectangle ci-contre est de 25 m. 20 $\times$ 12,10 $=$ 304 m c. 92 ou 3 ares 0492.

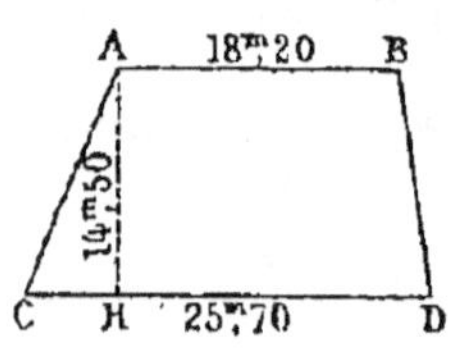

15. On appelle *trapèze* un quadrilatère dont deux côtés sont parallèles et inégaux. — La figure ABCD est un trapèze.

16. On nomme *bases* d'un trapèze les deux côtés parallèles AB et CD, et *hauteur* la perpendiculaire qui joint les deux bases, c'est-à-dire la ligne AH.

17. La surface d'un trapèze s'obtient en multipliant la demi-somme de ses deux bases par la hauteur. La surface du trapèze ci-contre est donc de $\dfrac{25 \text{ m } 70 + 18 \text{ m. } 20}{2} \times 14,50 = 318$ m. c. 275 ou 3 ares 18275.

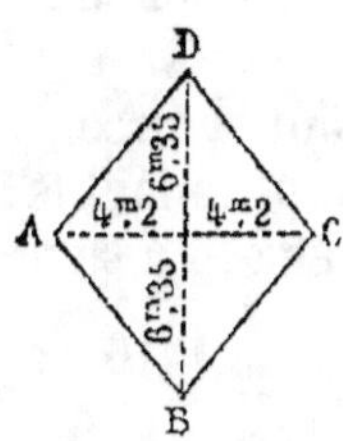

18. On appelle *losange* un quadrilatère dont les côtés sont égaux, mais dont les angles ne sont pas droits. — La figure ABCD est un losange.

19. Les lignes pointillées AC et DB, qui joignent deux angles non contigus, sont ce qu'on appelle des *diagonales*.

20. La surface d'un losange s'obtient en multipliant l'une quelconque des deux diagonales par la moitié de l'autre. La surface du losange ci-contre est par conséquent de 12 m. 70 $\times \dfrac{8,40}{2}$ ou $8,40 \times \dfrac{12,70}{2} = 52$ m. c. 34.

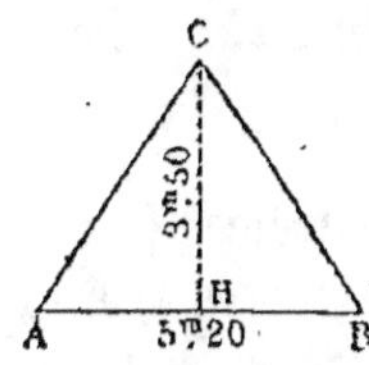

21. On appelle *triangle* un polygone de 3 côtés. — La figure ABC est un triangle.

22. On nomme *base* d'un triangle l'un quelconque des côtés, AB, par exemple, et *hauteur* la perpendiculaire abaissée sur cette base du sommet opposé, c'est-à-dire CH.

23. La surface d'un triangle s'obtient en multipliant sa base par la moitié de sa hauteur, ou bien sa hauteur par la moitié de sa base. La surface du triangle ABC ci-contre est donc de 5 m. 20 $\times \dfrac{3 \text{ m. } 50}{2}$ ou $\dfrac{5 \text{ m. } 20}{2} \times 3$ m. $50 = 9$ m. c. 10.

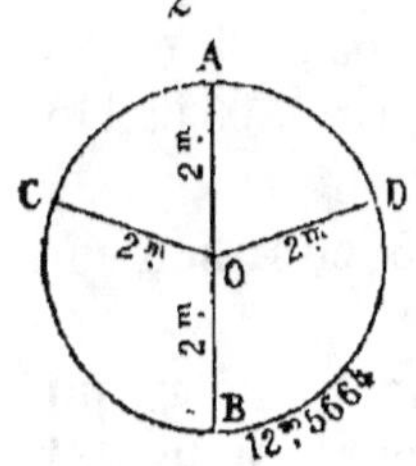

24. On appelle *cercle* une surface limité par une courbe (circonférence) dont tous les points sont à égale distance d'un point intérieur nommé *centre*. — La figure ci-contre est un cercle.

25. On appelle *diamètre* une droite qui touche à deux points de la circonférence en passant par le centre. Il divise la circonférence et le cercle en deux parties égales. AB est un diamètre.

26. La circonférence, que le cercle soit grand ou petit, contient toujours le diamètre 3 fois 1416. On obtient donc la longueur de la circonférence en multipliant le diamètre par 3,1416.

27. On appelle *rayon* une droite qui va du centre à un point

quelconque de la circonférence. Il est la moitié du diamètre. OD, OC, OA et OB sont des rayons.

28. La surface d'un cercle s'obtient en multipliant la circonférence par la moitié du rayon, ou encore en multipliant le nombre 3,1416 par le produit du rayon par lui-même. La surface du cercle ci-contre est de 12 m. 5664 $\times \frac{2}{2}$ ou 3,1416 $\times$ 2 $\times$ 2 = 12 m. c. 5664.

———

Nous engageons les Élèves à construire eux-mêmes les figures qui leur paraîtront utiles pour la clarté des énoncés de ce paragraphe. Ils faciliteront très-souvent ainsi leur travail.

1951. Un carré a 13 m. 20 de côté. Calculer sa surface.

1952. Calculer séparément la surface de trois carrés ayant, le premier 25 m. 85 de côté ; le second 132 m. 08, et le troisième 236 m. 05.

1953. Un rectangle a 123 m. 20 de base et 74 m. 60 de hauteur. Quelle en est la surface 1° en décamètres carrés ? 2° en centiares ?

1954. Calculer séparément et en ares la surface de quatre rectangles ayant respectivement 0 m. 25 ; 49 m. 03 ; 135 m. 85 et 210 m. 42 pour bases, et 0 m. 07 ; 29 m. 9 ; 94 m. 06 et 115 m. 70 pour hauteurs.

1955. La base d'un triangle est de 126 m. 25 et sa hauteur de 48 m. 20 : quelle en est la surface ?

1956. Calculer séparément la surface de deux triangles qui ont, l'un 83 m. 25 de base et 61 m. 90 de hauteur, l'autre 231 m. 65 et 118 m. 08.

1957. On a un parallélogramme dont la base est de 128 m. 60 et dont la hauteur est de 75 m. 85. Quelle en est la surface ?

1958. Calculer séparément la surface de deux parallélogrammes ayant, l'un 38 m. 06 de base et 31 m. 05 de hauteur, l'autre 0 m. 45 et 0 m. 08.

1959. Les bases d'un trapèze ont respectivement 83 m. 45 et 57 m. 55 ; la hauteur de ce trapèze étant de 33 m. 40, on demande d'en déterminer la surface.

1960. On a deux trapèzes qui ont : le premier 15 m. 6 pour hauteur, 25 m. 65 et 38 m. 15 pour bases; le deuxième 47 m. 35 pour hauteur, 21 m. 43 et 52 m. 27 pour bases. Calculer la surface de chacun d'eux.

1961. Les diagonales d'un losange ont respectivement 8 m. 60 et 6 m. 85. Quelle est la surface de ce losange ?

1962. On demande de déterminer séparément la surface de trois losanges dont les diagonales sont 8 m. et 7 m. pour le premier ; 9 m. 15 et 6 m. 305 pour le second ; 0 m. 22 et 0 m. 30 pour le troisième.

1963. Quelle est la surface d'un cercle de 18 m. de rayon ?

1964. Calculer la surface d'un cercle dont la circonférence est de 23 m. 562.

1965. Le diamètre d'un cercle est 0 m. 68 : quelle en est la surface ? (On calculera cette surface par les deux méthodes indiquées au nº 28 des explications, page 196.)

1966. Le rayon d'un cercle est de 0 m. 75. Calculer la circonférence et la surface de ce cercle.

1967. Quelle est, en ares, la surface d'un terrain triangulaire dont la base a 950 m. 75 et la hauteur 357 m. 80?

1968. On ensemence en blé un champ de 47 ares 80 à raison de 2 hectol. 4 par hectare. Quelle quantité de blé faudra-t-il pour ensemencer un terrain triangulaire ayant 145 m. 70 de base et 94 m. 05 de hauteur? et quel sera le prix de la semence, si elle vaut 5 fr. 50 le double décalitre?

1969. Déterminer la base d'un triangle dont la surface est 51 ares 373 et la hauteur 82 m.

1970. Calculer la hauteur d'un triangle qui a 26 m. 05 de base et une surface de 782 m. c. 021.

1971. On a un champ rectangulaire de 95 ares 8016. Sachant que sa base est de 107 m. 20, on en demande la hauteur.

1972. Un pépiniériste veut planter de pommiers une terre de 124 m. de long sur 76 m. de large. Quel sera le montant de sa dépense, si les arbres lui coûtent 85 fr. le cent et s'il les place à 4 m. les uns des autres en tous sens ?

1973. On a un champ rectangulaire de 278 m. de long sur 112 m. 85 de large. On veut prendre dans le sens de la longueur 78 ares : quelle sera la largeur de la partie prise ? et combien restera-t-il du champ ?

1974. Quelle est la hauteur d'un trapèze dont les bases ont ensemble 231 m. et dont la surface est 0 ha. 924 ?

1975. L'une des bases d'un trapèze a 90 m. 30 ; sa hauteur est de 80 m. et sa surface de 92 ares 40. Déterminer l'autre base.

1976. La plus petite base d'un trapèze est de 51 m. 8, sa hauteur de 50 m., et sa surface de 28 ares 45 : quelle en est la grande base ?

1977. Le règlement des écoles exige un mètre carré par élève. Une classe, qui a 13 m. de long et 8 m. de large, reçoit 110 élèves. Le règlement est-il observé dans cette classe ?

1978. En admettant qu'un hectare donne 23 hectol. $\frac{1}{2}$ de blé, quel sera le rendement d'un champ de blé rectangulaire de 187 m. 65 de long sur 135 m. 20 de large ?

1979. Quelle est la valeur de la récolte en blé faite dans un champ rectangulaire de 135 m. 50 de longueur sur 92 m. 30 de largeur, s'il a donné par hectare 21 hectol. 8 valant 19 fr. 70 l'hectolitre ?

1980. Un rectangle, un parallélogramme, un triangle et un trapèze ont une même base de 74 m. 30 et une hauteur commune de 49 m. 25. Sachant que la seconde base du trapèze est 65 m. 60, on demande de calculer, à raison de 21 fr. 75 l'are, la valeur totale de ces quatre polygones.

1981. Une chambre carrée a 4 m. 50 de longueur et 3 m. 70 de hauteur. On la tapisse avec des rouleaux de papier de 8 m. de long sur 0 m. 50 de large et coûtant 1 fr. 35 le rouleau. On demande : 1° combien il faudra de rouleaux de papier ; 2° quel sera le montant de la dépense, si le collage coûte 3 fr. 50. On sait que cette chambre a deux ouvertures de 1 m. 9375 de hauteur sur 1 m. 20 de largeur.

1982. On veut parqueter une chambre de 8 m. 40 de longueur sur 7 m. 40 de largeur avec des planches rectangulaires ayant 0 m. 90 de long sur 0 m. 10 de large. Quel sera le montant de la dépense, si chaque planche coûte 0 fr. 65?

XVI. PROBLÈMES SUR LES VOLUMES.

Explications préliminaires.

1. On nomme *solide* ou *volume* tout ce qui a trois dimensions : *longueur*, *largeur* et *hauteur*. Cette dernière dimension s'appelle aussi, selon le cas, *épaisseur* ou *profondeur*.

On peut encore dire qu'un solide ou volume est tout ce qui occupe une certaine portion de l'espace.

2. On nomme *faces* d'un corps ou solide les diverses surfaces qui le limitent, et *arêtes* les lignes formées par la rencontre de deux faces.

3. Les principaux solides sont : le *cube*, le *prisme*, le *cylindre*, la *pyramide*, le *cône*, le *tronc de pyramide*, le *tronc de cône* et la *sphère*.

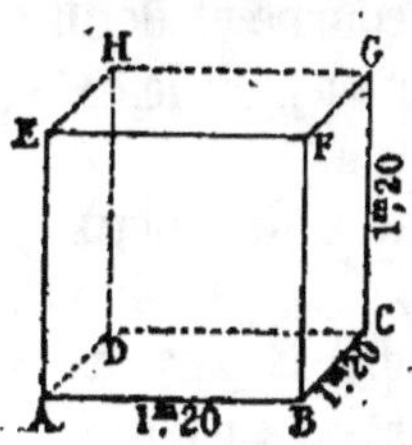

4. On appelle *cube* un corps ou solide dont les trois dimensions sont égales. Il est limité par 6 faces égales et carrées. La figure ABCDEFGH est un cube.

5. Le volume d'un cube s'obtient en faisant le produit de ses trois dimensions. Le volume du cube ci-contre est donc de 1 m. 20 × 1,20 × 1,20 = 1 m. cub. 728.

6. Le cube (généralement le *mètre cube* ou le *décimètre cube*) a été choisi pour *unité* des volumes.

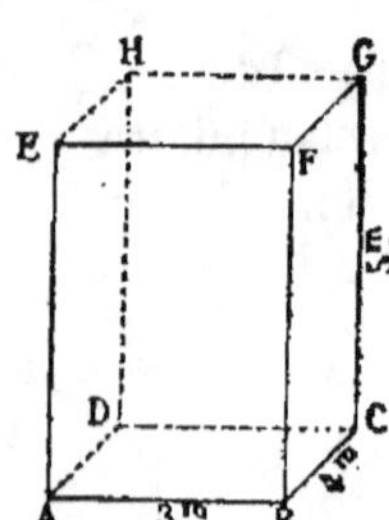

7. On appelle *prisme* un solide dont les deux bases sont des polygones égaux et parallèles, et dont les faces latérales sont des parallélogrammes ou des rectangles. — La figure ABCDEFGH est un prisme.

8. Un prisme est dit *triangulaire, quadrangulaire, pentagonal, hexagonal*, etc., selon que sa base est un triangle, un quadrilatère, un pentagone, un hexagone, etc. On le désigne aussi par le nombre de ses faces latérales, qu'on nomme *pans*, et l'on dit, par exemple, un prisme à 4 pans au lieu d'un prisme quadrangulaire, etc.

9. Quand les bases d'un prisme sont des rectangles, ce prisme prend le nom de *parallélipipède rectangle*, parce qu'alors toutes ses faces sont des rectangles.

10. On nomme *bases* d'un prisme les deux polygones égaux qui le limitent aux deux extrémités. On donne encore le nom de *base* à l'un de ces polygones pris isolément, c'est-à-dire à ABCD ou à EFGH.

11. On appelle *hauteur* d'un prisme la perpendiculaire qui joint les deux bases, c'est-à-dire BF ou DH.

12. Le volume d'un prisme quelconque s'obtient en multipliant la surface de l'une de ses deux bases par sa hauteur ; il est égal au produit des trois dimensions quand le prisme est un *parallélipipède rectangle*. Le volume du prisme ci-contre est par conséquent de $(3 \times 4) \times 5 = 60$ mètres cubes.

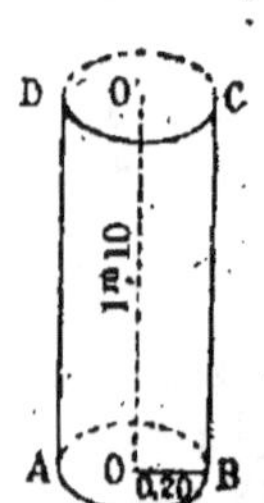

13. On appelle *cylindre* ou *rouleau* un prisme limité latéralement par une surface courbe et dont les deux bases sont des cercles égaux et parallèles. La figure ABCD est un cylindre.

14. On nomme *bases* d'un cylindre les deux cercles égaux qui le limitent.

15. On nomme *hauteur* d'un cylindre la perpendiculaire qui joint les deux bases, c'est-à-dire OO',BC ou AD.

16. Le volume d'un cylindre s'obtient en multipliant la surface de l'une des deux bases par la hauteur. Le volume du

cylindre ci-contre est donc de (3,1416 × 0,2 × 0,2) × 1,10 = 0 m. cub. 138.

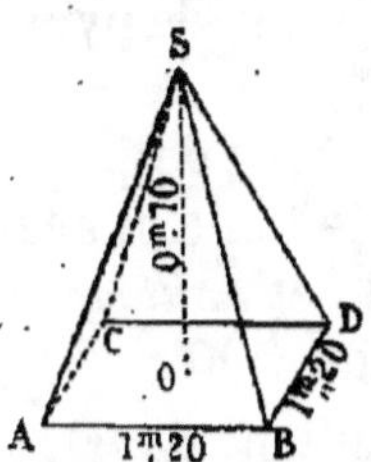

17. On appelle *pyramide* un solide qui a pour base un polygone quelconque et dont les faces latérales sont des triangles qui se réunissent en un seul point nommé *sommet*. — La figure ABCDS est une pyramide.

18. Une pyramide est dite *triangulaire*, *quadrangulaire*, *pentagonale*, etc., selon que sa base est un triangle, un quadrilatère, un pentagone, etc. On dit aussi: une pyramide à 3; à 4, à 5, etc. *pans*, comme pour les prismes.

19. On nomme *base* d'une pyramide le polygone sur lequel elle repose, c'est-à-dire ABCD.

20. On nomme *hauteur* d'une pyramide la perpendiculaire abaissée du sommet sur la base, c'est-à-dire SO.

21. Le volume d'une pyramide s'obtient en multipliant sa surface de base par le tiers de sa hauteur. Le volume de la pyramide ci-contre, dont la base est un carré, est par conséquent de (1 m. 20 × 1,20) × $\frac{0,7}{3}$ = 0 m. cub. 336.

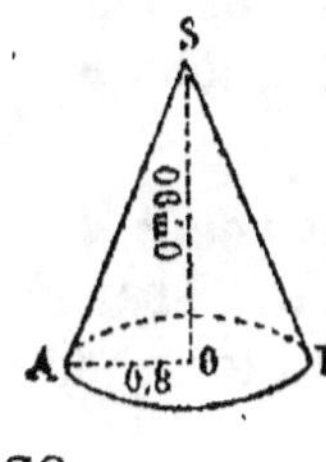

22. On appelle *cône* un solide qui a pour base un cercle et qui se termine en pointe comme un pain de sucre. — La figure ABS est un cône.

23. On nomme *base* d'un cône le cercle sur lequel il repose, et *hauteur* la perpendiculaire abaissée du sommet sur la base, c'est-à-dire SO.

24. Le volume d'un cône s'obtient en multipliant la surface du cercle de base par le tiers de la hauteur. Le volume du cône ci-contre est donc de (3,1416 × 0,8 × 0,8) × $\frac{0,9}{3}$ = 0 m. cub. 594.

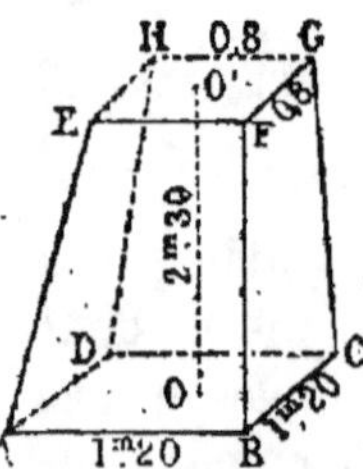

25. On appelle *tronc de pyramide* une pyramide dont on a enlevé la partie supérieure ou pointe par un plan parallèle à la base. — La figure ABCDEFGH est un tronc de pyramide à bases carrées.

26. On nomme *bases* d'un tronc de pyramide les deux polygones qui le limitent aux deux extrémités, c'est-à-dire ABCD et EFGH, et *hauteur* la perpendiculaire qui joint les deux bases; c'est à dire OO'.

27. Le volume d'un tronc de pyramide s'obtient, *dans la pratique*, en multipliant la demi-somme des deux bases ou *base moyenne* par la hauteur. Le volume du tronc de pyramide ci-contre est donc de $\dfrac{(1,20 \times 1,20) + (0,80 \times 0,80)}{2}$ $\times 2,30 = 2$ m. cub. 392 [1].

REMARQUE. — Une pièce de bois équarrie, un peu plus grosse par un bout que par l'autre, est un tronc de pyramide.

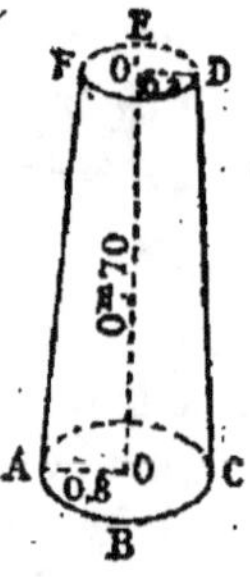

28. On appelle *tronc de cône* un cône dont on a enlevé la partie supérieure ou pointe par un plan parallèle à la base. — La figure ABCDEF est un tronc de cône.

29. On nomme *bases* d'un tronc de cône les deux cercles qui le limitent aux deux extrémités, et *hauteur* la perpendiculaire qui joint les deux bases, c'est-à-dire OO'.

30. Le volume d'un tronc de cône s'obtient, *dans la pratique*, en multipliant la demi-somme des deux bases ou *base moyenne* par la hauteur. Le volume du tronc de cône ci-contre est par conséquent de

$$\frac{(3,1416 \times 0,80 \times 0,80) + (3,1416 \times 0,30 \times 0,30)}{2} \times 0,70 =$$

0 m. cub. 802.

<hr>

1. Ce moyen, qui fournit un résultat un peu trop fort, n'est pas mathématique. On trouvera, dans la seconde partie, la méthode géométrique. — Cette observation s'applique également au tronc de cône.

REMARQUE. — Un arbre non équarri dont on a enlevé le faîte, un cuvier à lessive, un seau, etc., sont des troncs de cônes.

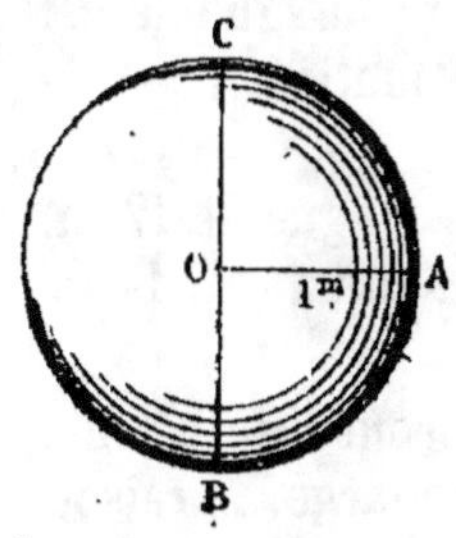

31. On appelle *sphère*, *boule* ou *globe* un solide limité par une surface courbe dont tous les points sont également distants d'un point intérieur nommé *centre*. — La figure ci-contre est une sphère.

32. La surface d'une sphère s'obtient en multipliant par 4 celle d'un cercle qui aurait même rayon ou même diamètre que la sphère. La surface de la sphère ci-contre est de (3,1416 × 1 × 1) × 4 = 12 m. c. 5664.

33. Le volume d'une sphère s'obtient en multipliant sa surface par le tiers du rayon. Le volume de la sphère ci-dessus est donc de $12,5664 \times \frac{1}{3} = 4$ m. cub. 1888.

1983. Un cube a 2 m. 35 d'arête. Calculer son volume.

1984. Calculer séparément le volume de trois cubes ayant, le premier 3 m. 30 d'arête; le second 2 m. 85, et le troisième 0 m. 08.

1985. Un tas de bois rectangulaire a 32 m. 50 de longueur sur 4 m. 45 de largeur et 2 m. 60 de hauteur. Quel en est le volume 1° en décistères? 2° en mètres cubes?

1986. Calculer séparément et en stères le volume de deux prismes rectangulaires ayant respectivement 7 m. c. 08 et 13 m. c. 25 pour bases, et une hauteur commune de 1 m. 95.

1987. On demande le poids de l'eau pure que peut contenir un bassin rectangulaire de 1 m. 60 de longueur sur 1 m. 25 de largeur et 0 m. 85 de hauteur.

1988. On a une boîte ayant la forme d'un parallélipipède rectangle dont les dimensions sont 1 mètre, 0 m. 80 et 0 m. 60. Combien pourra-t-on mettre dedans de petites boîtes de même forme et dont les dimensions sont 20, 16 et 12 centimètres?

1989. On demande la troisième dimension d'un parallélipipède qui a 83 m. cub. 5 de volume et dont les deux dimensions connues sont 6 m. et 2 m. 65.

1990. Une citerne a 22 m. c. 40 de base ; lorsqu'elle est pleine d'eau, elle en contient 560 hectolitres. Quelle en est la hauteur ?

1991. Quelle est la valeur d'une pile de bois longue de 12 m. 60 et haute de 2 m 50 ? On sait que les bûches ont 1 m. 14 de longueur et que le stère se vend 9 fr. 25.

1992. Une pile de bois à brûler, ayant la forme d'un prisme rectangulaire, a 5 m. 30 de long et 1 m. 14 de large. A raison de 10 fr. le stère, elle a été vendue 151 fr. 05 : quelle en était la hauteur ?

1993. On mesure du bois, dont les bûches ont 1 m. 137 de longueur, avec la membrure d'un demi - décastère. Quelle hauteur doit-on donner à la pile pour qu'elle contienne 5 stères ?

1994. On demande le prix de 4 chênes équarris ayant chacun 10 m. 80 de longueur sur 0 m. 45 d'équarrissage et vendus à raison de 15 fr. le décistère.

1995. Un propriétaire a fait clore d'un fossé une prairie rectangulaire de 251 mètres de longueur sur 145 mètres de largeur. Quel sera le montant de sa dépense, s'il paie 0 fr 60 par mètre cube de terre enlevée ? On sait que le fossé doit avoir une profondeur de 0 m. 65 et une largueur moyenne de 0 m. 90.

1996. On demande l'épaisseur d'un mur qui a 78 m. 50 de longueur sur 2 m. 40 de hauteur, et qui, à raison de 20 fr. le mètre cube, a coûté 1884 fr.

1997. On veut former un stère de bois avec des bûches longues de 1 m. 25. Quelle sera la hauteur du tas, si on les empile entre deux pieux distants de 0 m. 82 ?

1998. Un étang, qui a une profondeur moyenne de 1 m. 80, occupe une surface de 3 hect. $\frac{2}{5}$. Combien cet étang contient-il de mètres cubes d'eau quand il est plein ?

1999. Une citerne rectangulaire de 5 m. 40 de longueur sur

2 m. 60 de largeur, ne contenait presque plus d'eau. Par suite de pluies, l'eau a monté de 0 m. 53. On demande, en décalitres, la quantité d'eau fournie à la citerne par les pluies.

2000. Un tas de pierres, de forme prismatique, a 3 m. 56 de long sur 2 m. 85 de large et 1 m. 25 de haut. Quel est le prix de ces pierres, si elles valent 4 fr. 30 le mètre cube?

2001. Une place à fumier a la forme d'un trapèze dont la hauteur est 2 m. 90 et les bases 4 m. 20 et 3 m. 70 ; cette place est couverte d'une couche de fumier valant 71 fr. 50. Sachant que le mètre cube de fumier se vend 5 fr. 50, on demande l'épaisseur de la couche.

2002. Un fermier veut couvrir d'une couche de fumier de 0 m. 03 d'épaisseur une pièce de terre de forme triangulaire ayant 175 m. 80 de base et 137 m. 50 de hauteur. Combien lui faudra-t-il de mètres cubes de fumier ?

2003. On a un cylindre dont la surface du cercle de base est 3 m. c. 90 et dont la hauteur est de 2 m. 30. Déterminer son volume en décimètres cubes.

2004. Calculer le volume d'un cylindre qui a 5 m. 38 de hauteur et pour base un cercle de 2 m. 40 de diamètre.

2005. On demande de déterminer, en décimètres cubes, le volume d'un cylindre ayant une hauteur de 0 m. 53 et pour base un cercle dont la circonférence est de 155 centimètres.

2006. Un rouleau cylindrique a 0 m. 25 de rayon et 2 m. 15 de hauteur. Quel en est le volume en décistères ?

2007. Calculer séparément le volume de trois cylindres ayant respectivement pour hauteur 2 m. 60, 1 m. 45 et 2 m. 10, et pour diamètre 0 m. 70, 0 m. 72 et 0 m. 75.

2008. Une pyramide, à base carrée, a 2 m. 40 au côté de sa base et 1 m. 60 de hauteur. Calculer 1° sa surface de base ; 2° son volume.

2009. Un cône a 1 m. 60 de rayon à sa base et 2 m. 70 de hauteur. On demande : 1° sa surface de base; 2° son volume.

2010. Un vase cylindrique, de 2 m. 20 de circonférence et de 2 m. 10 de hauteur à l'intérieur, est rempli aux $\frac{4}{5}$ d'eau distillée. Quel est le poids de cette eau ?

2011. Quelle est la surface de base d'une pyramide dont le volume égale 7 m. cub. 310 et la hauteur 1 m. 70?

2012. Calculer la hauteur d'une pyramide à base carrée de 3 m. 05 de côté et dont le volume égale 37 m. cub. 210.

2013. Déterminer la surface d'une sphère de 1 m. 80 de diamètre.

2014. Calculer le volume d'une sphère de 2 m. 35 de rayon.

2015. On demande le volume d'une sphère de 2 m. 50 de diamètre.

2016. Une pyramide tronquée, à bases carrées, a 2 m. 40 et 2 m. 20 aux côtés de ses bases, et 4 m. 60 de hauteur. Quel en est le volume?

2017. Calculer, à raison de 8 fr. 40 le décistère, le prix d'une pièce de bois de 7 m. 60 de long qui a 0 m. 32 d'équarrissage à un bout et 0 m. 28 à l'autre.

2018. Un cône tronqué a 2 m. 40 et 1 m. 90 aux rayons de ses bases, et 2 m. 10 de hauteur. Quel en est le volume en décimètres cubes?

2019. Le grand diamètre d'une cuve, qui a la forme d'un tronc de cône, est de 1 m. 95. Sachant que son petit diamètre est de 1 m. 50 et sa hauteur 1 m. 65, on demande, à raison de 26 fr. 50 l'hectolitre, la valeur du vin qu'elle contient lorsqu'elle est pleine.

2020. Le poids de l'air étant $\frac{1}{770}$ du poids d'un même volume d'eau, déterminer le poids de l'air contenu dans un cylindre dont la circonférence et la hauteur intérieures sont respectivement 0 m. 60 et 1 m. 60.

FIN DE LA PREMIÈRE PARTIE.

TABLE DES MATIÈRES.

—

TABLE DES MATITRES.

Abbeville. — Imp. Briez, C. Paillart et Retaux.